콘크리트 실무매뉴얼 KCI PM105.1-13

건축 포스트텐션 시스템

프리스트레스트콘크리트위원회

사단법인 한국콘크리트학회
Korea Concrete Institute

머리말

우리나라에서 포스트텐션 건축물은 1980년대부터 적용되기 시작하여 2000년대에 그 수요가 늘기 시작하였으며, 최근에는 그 수요가 매우 빠른 속도로 증가하고 있는 추세입니다. 최근 혁신적인 구조를 추구해야 한다는 흐름 때문이기도 하지만, 건축물 바닥판의 처짐에 대한 우려 없이 내부공간에 불필요한 기둥을 없애고 같은 사용층고를 유지하면서도 매 층의 층고를 최소화할 수 있다는 것은 건축물로서 분명 매력적인 요소이기 때문입니다. 이에 더하여 포스트텐션 시스템은 여러 가지 친환경적인 장점을 가지고 있습니다. 강재 사용량과 콘크리트 사용량을 각각 약 50%, 20% 절감할 수 있고, 낮은 층고로 에너지 소비를 크게 줄이며, 균열 및 처짐을 제어하면서도 비정형의 평면을 자유롭게 추구할 수 있고, 뿐만 아니라 무량판구조 등의 사용으로 공기를 단축시킬 수 있는 여지가 많습니다. 이렇듯 강재의 인장 성능과 콘크리트의 압축 성능을 최대로 사용하는 건축 포스트텐션 시스템은 도전적이며 경제적인 구조를 가능하게 하는 건축공법입니다.

급속히 늘어나는 최근의 수요에도 불구하고 건축 구조에 맞는 국내 포스트텐션 실무매뉴얼은 사내 매뉴얼로 간간히 존재하였었고, 학회에서 출판하는 공식적인 건축 포스트텐션 시스템만의 매뉴얼은 그간 존재하지 않았습니다. 해외의 매뉴얼이나 기준 또한 복잡하거나 여기저기 산재해 있으며 국내 실정에 맞지 않는 부분도 상당수 존재합니다. 특히 프리스트레스의 원리만 같을 뿐 건축 구조의 세부적인 지침은 토목 구조의 그것과도 매우 다릅니다. 간단한 예로 건축물에는 비부착 방식이 주로 쓰이고 정착장치나 긴장 장비가 상이하며, 벽체나 기둥에 의한 구속이 심하여 이를 반드시 구조 설계에 반영해야 합니다.

이에 부족한 점이 많은 대로 금번 매뉴얼을 출간하게 되었습니다. 앞으로 개선해야 할 부분이 많은 것을 잘 알고 있으며, 한편으로는 실무자들에게 아직까지 쉽게 다가가지 못할 수도 있습니다. 그러나 현 시점에서 건축 포스트텐션 시스템 실무매뉴얼의 출간을 더는 미룰 수 없었던 바, 앞으로 추가 개정을 통하여 부족한 점을 계속 개선해 나갈 예정입니다. 그간 집필에 힘써 주신 삼성물산 건설부문 김용남 부장, 코오롱글로벌 김진원 차장, 동양구조안전기술 박정우 실장, 원우지티아이 원기철 사장, 알가피에스씨 최종인 이사의 시간과 노고에 진심으로 감사를 드립니다. 우리 프리스트레스트콘크리트위원회의 김지상 위원장 외 모든 위원들의 많은 조언에도 감사드립니다. 마지막으로 본 실무매뉴얼에 대하여 많은 고견을 주시고 교정을 해주신 김진근 전 학회장을 비롯한 실무지침편찬특별위원회의 모든 위원들과 특히 검토위원이신 김종호 사장, 정광량 사장, 정하선 전 학회연구소장께도 감사의 말씀을 드립니다.

2012. 12.

프리스트레스트콘크리트위원회(KCI-105) 건축 포스트텐션 시스템 집필위원장 강 현 구

집필위원

집필책임자	강현구(서울대학교)
집 필 위 원	김용남(삼성물산(주)건설부문), 김진원(코오롱글로벌(주)), 박정우((주)동양구조안전기술) 원기철(원우지티아이(주)), 최종인((주)알가피에스씨)

검토위원

검 토 위 원	김종호((주)창민우컨설탄트), 김진근(KAIST), 정광량((주)동양구조안전기술) 정하선(KCI공학연구소)

심의위원

위 원 장	최기봉(가천대학교)
위 원	김진근(KAIST), 노병철(상지대학교), 신영수(이화여자대학교), 이재연(목원대학교) 장일영(금오공과대학교), 정란(단국대학교), 최창식(한양대학교), 최연왕(세명대학교)

기획 / 실무지침편찬특별위원회

위 원 장	김진근(KAIST)
고 문	김상식(인하대학교), 정영수(중앙대학교), 정하선(KCI 공학연구소)
간 사	배수호(안동대학교)
위 원	김대중(삼성물산(주)건설부문), 김은겸(서울과학기술대학교) 김종호((주)창민우컨설탄트), 박홍근(서울대학교), 박홍기((주)태조엔지니어링) 서석구((주)서영엔지니어링), 신현목(성균관대학교), 연규석(강원대학교) 이광명(성균관대학교), 이왕희(현대산업개발(주)), 이재연(목원대학교) 정광량((주)동양구조안전기술), 최동욱(한경대학교), 한천구(청주대학교)

차 례

제 1 장 건축 포스트텐션 시스템의 규정 및 기술 개발 동향

1.1 건축 포스트텐션 시스템의 개요 및 관련 규정

포스트텐션 시스템은 프리스트레스트 시스템 중 현장에서 긴장을 수행할 때 사용되는 공법으로서, 프리텐션 시스템과 마찬가지로 장경간이 요구되거나 부재에 압축력 및 변위에 대한 복원력이 요구될 때 도입된다. 교량이나 모멘트 골조의 경우 프리캐스트 부재의 연결 및 일체화 작업을 위하여 포스트텐션 공법이 사용되며, 현장타설이 필요한 건축물의 경우 바닥판 슬래브에 포스트텐션 시스템이 자주 사용된다. 포스트텐션은 강연선의 인장강도의 80% 또는 항복강도의 90%를 긴장함으로써 시공 중에 강연선에 대한 전수검사가 자연스럽게 이루어지는 시스템이기도 하다.

건축물에 포스트텐션 시스템이 적용된 지 반세기가 지나면서 관련 규정이나 지침들도 다양한 연구 결과와 실제 적용 사례들을 토대로 많은 발전이 이루어져 왔다. 국내에서는 1980년대 중반부터 건축물에 포스트텐션 시스템이 적용되기 시작하였으며, 2000년대 이후로 건축 포스트텐션 시스템의 실제 적용이 활발하게 진행되고 있다. 그럼에도 불구하고 국내 관련 지침은 확립되어 있지 않으며, 해외 규정이나 교량 관련 규정들을 준용하여 왔다. 그러나 건축 포스트텐션 시스템의 경우 포스트텐션 교량 시스템의 설계 및 시공과는 많은 차이점이 있다. 이에 이 실무매뉴얼에서는 건축물에 대한 포스트텐션 적용 측면에 보다 집중하여 실무지침을 정리하였다. 우선 이 장에서는 국내외 건축 포스트텐션 관련 현 규정들과 각각의 특징 및 변천사에 대해 살펴본다.

1.1.1 국외 규정

해외 규정은 크게 미국 규정과 유럽 규정으로 구분할 수 있으며, 미국은 비부착 방식(unbonded type), 유럽은 부착 방식(bonded type) 위주로 규정이 발달되어 왔다.

1) ACI(American Concrete Institute)

ACI는 여러 위원회를 통해 다양한 규정을 제시하고 있다. 그중 가장 널리 알려진 규정은 ACI Committee 318에서 3~4년마다 발간하는 『Building Code Requirements for Structural Concrete』로서 IBC에서 채택하고 있을 뿐만 아니라 국내 콘크리트구조기준에도 큰 영향을 끼치고 있다. ACI 318의 18장이 프리스트레스트 콘크리트에 관한 내용이며 다른 장에도 프리스트레스트 콘크리트에 관한 사항들이 부분적으로 언급되어 있다.

과거 1980년대 초반의 ACI 318의 18장은 현재의 규정에 비해 상당히 간략하였으며, 콘크리트 허용응력과 최소 철근 등에 관한 기본적인 내용만을 담고 있었다. 이후 80년대 중후반을 지나면서 상당 부분이 정비되어 현재의 모습과 가까워졌다. 여기에 가장 큰 영향을 끼친 것이 ACI-ASCE Committee 423에서 발간한 『Recommendations for Concrete Members Prestressed with Unbonded Tendons』(1996)로서 이 실무지침 발간을 기점으로 ACI 318은 비부착 방식의 비중을 높이게 되었다. ACI-ASCE Committee 423은 1942년에 구성된 위원회로서 프리스트레스트 콘크리트의 연구활동을 주요 목표로 하고 있다. 해당 위원회에서 발간하는 또 하나의 주요 문서로는 『Specification for Unbonded Single-Strand Tendon Materials and Commentary』(2007)가 있다. 이 문서는 비부착 방식에 대한 시방서로서 PTI(Post-Tensioning Institute)의 『Specification for Unbonded Single Strand Tendons』(2000)를 근간으로 작성된 것이다. ACI 318에서는 부식환경에 대한 대비책은 상기 문서를 참고하도록 규정하고 있다.

ACI 318의 주요 변경사항을 살펴보면 다음과 같다.

(1) 콘크리트 허용압축응력의 변화(1995) : 기존에는 사용하중에 대해 $0.45f_c'$로만 제한되어 있던 허용압축응력을 반복하중에 대한 실험결과를 토대로 지속적인 사용하중에 대해서는 $0.45f_c'$, 임시적인 활하중을 포함하는 사용하중에 대해서는 $0.60f_c'$로 구분하였다.

(2) 취성파괴 방지용 최소 철근 적용 대상(1999) : 기존에는 인장에 의한 콘크리트의 취성파괴를 방지하기 위해 포스트텐션 방식과 관계없이 1.2배의 균열하중에 대해 저항할 수 있도록 철근 및 강연선을 배근하도록 하였으나, 2방향 슬래브 실험 결과를 토대로 2방향 비부착식 슬래브에 대해서는 이 조항을 피할 수 있도록 규정하였다. 이 규정은 아래에서 보는 바와 같이 2008년 다시 개정된다.

(3) 정착부 설계규정 보완(1999) : 1996 AASHTO 『Standard Specifications for Highway Bridges』와 NCHRP Report 356에 따라 전면적인 개정이 이루어졌다.

(4) 시공 및 기타 규정 보완(1999) : 부식 방지, 자재관리, 시공 등에 관한 내용의 보완이 이루어졌다.

(5) 콘크리트 허용인장응력 세분화(2002) : 부분 프리스트레스트 콘크리트(partial prestressed concrete)에 관한 연구 및 여러 적용 사례와 실험 등을 토대로 사용하중에 대한 콘크리트 허용인장응력을 Class U(uncracked), T(transition), C(cracked)로 세분화하였다. 각각의 등급에 따라 사용성 설계 및 최소 철근규정 등을 차등 적용하도록 하였다.

(6) 2방향 슬래브 최소 철근 적용범위 변경(2002) : 1999년까지는 지판 등이 없는 플랫플레이트만을 2방향 플랫슬래브의 최소 철근규정을 따르도록 하고 지판이 있는 경우는 1방향 슬래브 규정을 따르도록 하였으나, 2002년에서는 지판이 있는 플랫슬래브도 해당 규정을 따르도록 하였다.

(7) 취성파괴 방지용 최소 철근 적용대상(2008) : 전술하였듯이 1999년에 개정되었던 취성파괴 방지용 최소 철근규정은 비부착 방식을 제외한 부착 방식에만 적용하는 것으로 개정되었다.

(8) 구조 일체성 확보 규정 개정(2008) : 구조 일체성 확보를 위해 배근하는 기둥을 관통하는 철근 또는 텐던 산정기준이 개정되었다.

(9) 내진설계규정(2008) : 특수 모멘트 골조에 강연선이 횡력저항요소로 사용되는 경우에 대한 제한조건들이 신설되었다.

(10) 강연선 응력 및 마찰계수 규정 현실화(2011) : 강연선의 허용인장응력이 현실적으로 개정되었고, 현장에 따른 다른 마찰계수 수치를 반영하기 위해 관련 조항이 삭제되었다.

(11) 1방향 보와 슬래브 최소 온도수축 철근규정 구체화(2011) : 1방향 보와 슬래브에 적용되는 최소 건조수축, 온도 철근 및 강연선에 관한 규정이 전면 개정되었고 보다 구체적으로 기술되었다.

이상에서 살펴본 바와 같이 1999년과 2002년에 콘크리트 허용응력, 철근배근 등에 관한 사항이 정립되었고, 최근에는 구조적 안전성 측면의 사항이 개정되고 있는 추세이다. 뿐만 아니라 포스트텐션 관련 규정 중 실제로 사용되고 있지 않은 조항들은 삭제되거나 실제 상황에 맞게 꾸준히 개정되고 있다.

2) PTI(Post-Tensioning Institute)

PTI는 1976년에 설립된 단체로 관련 업체의 실무자들이 다수 참여하고 있기 때문에 이론적 연구뿐만 아니라 실무적 차원의 설계 및 시공에 대해서도 폭넓은 활동을 전개하고 있다(예 : Chacos, 1993 ; Aalami, 1993 ; Bondy, 2005). 1990년대 들어 『Post-Tensioning Manual』(2006), 『PTI Guide Specification-Specification for Unbonded Single Strand Tendons』(2000), 『Training and Certification for Field Personal for Unbonded Post-Tensioning』(2003), 그리고 『Guide for Design of Post-Tensioned Buildings』(2011) 등 다수의 발간물을 통해 ACI-ASCE Committee 423의 보고서에 많은 영향을 끼쳤으며, 결과적으로 ACI 318의 내용 보완에 상당 부분 기여하였다.

대표적인 발간물의 주요 내용은 다음과 같다.

(1) Post-Tensioning Manual(2006) : PTI의 가장 대표적인 발간물로 현재 6판까지 발간되었다. 건축, 교량, SOG(Slab-On-Ground ; 바닥 슬래브), 사일로 등 포스트텐션이 사용되는 대부분의 구조물에 대한 사항을 다루고 있으며, 설계뿐만 아니라 시공에 관한 내용도 포함하고 있다. 또한 내진, 진동, 내화, 유지관리 등에

관한 사항도 수록하고 있다.

(2) PTI Guide Specification-Specification for Unbonded Single Strand Tendons(2000) : 비부착 방식 포스트텐션에 사용되는 강연선, 정착구 등 각종 자재의 요구 성능치와 시험방법을 제시하고 있다. 대부분의 내용이 ACI 423.6R에도 수록되어 있다.

(3) Training and Certification for Field Personal for Unbonded Post-Tensioning(2007) : 비부착 방식 건축 포스트텐션 구조의 시공지침에 관한 가장 대표적인 문서로 건축물과 SOG의 시공에 관해 시공순서에 따라 각종 상세와 시공 방법, 주의사항 등을 제시하고 있다.

(4) Guide for Design of Post-Tensioned Buildings(2011) : 2011년에 발간된 가장 최근의 PTI 출판물로서 포스트텐션 건축물에 관련된 설계 및 시공에 관한 내용만을 다루고 있고, 1방향 및 2방향 포스트텐션 시스템 설계, 상세 및 시공에 관련된 최신 정보들을 수록하고 있다.

또한 PTI 차원에서 인증업무도 수행하여 왔는데, 비부착식 텐던 및 강연선 생산업체에 대한 인증과 비부착 방식과 부착 방식을 적용하는 현장 감리자에 대한 교육 및 인증업무는 현장 품질을 확보하는 데 크게 기여하였다. 그리고 건물뿐만 아니라 교량, SOG, 특수 구조물 등에 관한 활동도 수행하고 있다.

3) ICC(International Code Council)

IBC(International Building Code)를 발간하고 있는 단체로 구조뿐만 아니라 소방, 기계 등 전 분야에 대한 법적 효력을 발휘하는 설계규정을 다루고 있다. IBC 내의 콘크리트구조기준은 ACI 318을 준용하고 있기 때문에 대부분의 내용이 동일하다. 즉, ACI 318 역시 미국 내에서 설계규정으로서의 법적 효력을 발휘한다.

차이점이 있는 부분은 횡력 설계에 대한 부분으로 UBC 97, IBC 2000에서는 포스트텐션 구조가 횡력 저항시스템에 포함되는 경우 기여도 등을 제한하였으나, 최근에는 특수 모멘트 골조인 경우에만 제한조건을 제시하고 중간 모멘트 골조 이하에서 제한조건은 삭제하였다. 이 내용은 ACI 318-08부터 21장에 반영되어 있다.

그리고 내화에 대한 규정을 Section 721 Prescriptive Fire Resistance와 Section 722 Calculated Fire Resistance에서 제시하고 있다(IBC 2012 기준).

4) fib, BSI, CEN, PCI

유럽에 기반을 둔 단체들로 International Federation for Structural Concrete(fib)는 CEB-FIP Model Code(1993)와 Post-tensioning in Building(2005)를, British Standards Institution(BSI)은 British Standard(BS)(1997)를, 그리고 European Committee for Standardization(CEN)은 European Standards(EN)(2004)를 발간하였다.

각 기준 및 지침은 상호 유사한 원칙으로 작성되어 있으며 ACI와는 설계 개념이 다른 부분이 존재한다. 중동 및 동남아 지역에서는 대부분 상기 기준들을 사용하기 때문에 해외 프로젝트를 수행할 때 해당 기준에 대한 내용을 사전에 검토해야 한다.

미국에 기반은 둔 PCI의 PCI Design Handbook(2004)도 프리캐스트 프로젝트를 수행할 때 사전에 검토해야 한다.

1.1.2 국내 규정

국내 설계규정은 한국콘크리트학회의 『콘크리트구조설계기준』(2007), 대한건축학회의 『건축구조기준(KBC, Korean Building Code)』(2009)이 가장 대표적이며, 시공지침으로는 한국콘크리트학회의 『콘크리트표준시방서』가 있다.

1) 콘크리트구조기준과 건축구조기준(KBC, Korean Building Code)

콘크리트구조기준과 건축구조기준(KBC)은 프리스트레스트 콘크리트에 관해 동일한 내용을 수록하고 있으며, 발간연도가 서로 다르기 때문에 일반적으로 콘크리트구조기준이 개정된 후 해당 내용이 다음번 KBC에 반영되는 양상을 나타낸다.

콘크리트구조기준은 현재 ACI 318을 기본으로 하여 국내 현황 및 국내 연구결과 등과 CEB-FIP 등의 타 기준을 반영하여 작성된다. 현재 2007 콘크리트구조설계기준과 KBC 2009의 프리스트레스트 콘크리트 부분은 정착구 설계 이후에 수록되어 있는 시공지침에 관련된 부분이 삭제된 점만 제외하면 ACI 318-05와 유사하다. 그러나 2012년 콘크리트구조기준부터 국내 연구결과 및 실무현황을 반영하면서 ACI 318과 다른 부분들이 대거 삽입되기 시작한다.

2) 콘크리트표준시방서와 건축공사표준시방서

프리스트레스트 콘크리트의 재료 및 시공에 대한 일반적인 사항을 다루고 있다. 부착 방식을 포함해서 프리텐션 부재에 대한 사항도 함께 다루고 있기 때문에 PTI 등 해외 기준과 내용에서 상충되는 부분이 발생할 수 있으므로 현장에 적용할 때 사전검토가 요구된다.

이렇듯 비부착 방식을 주로 사용하는 국내의 건축 포스트텐션 시스템의 설계와 시공에 대해 실무적으로 접근한 국내 규정은 아직 없으며, PTI 규정 및 ACI 423 지침 등 국외 규정에 크게 의존하고 있는 형편이다. 그러나 국내 건축물만의 특수한 현실이 공존하고 있기 때문에 건축 포스트텐션 시스템의 국내 규정의 제정은 시급하다. 이 실무매뉴얼에서는 그 첫걸음으로 국내 실무지침을 제시하고자 한다.

1.2 건축 포스트텐션 관련 연구 · 기술 개발 동향

여기에서는 포스트텐션 시스템의 국내외 연구 · 기술 개발 동향과 현재 구조기준과의 관계를 살펴본다. 포스트텐션 시스템에 대한 연구는 국내외에서 수십 년에 걸쳐 진행되어 왔으며 현재도 다양한 주제로 연구가 진행되고 있다.

1.2.1 국외 동향

비부착 방식을 중심으로 살펴보면, 1950년대부터 Scordelis, Pister, Lin(1956), Gamble(1964), Grow and Vanderbilt(1967) 등에 의해 포스트텐션 플랫플레이트 슬래브에 대한 기본적인 거동에 대한 실험이 수행되었다. 이후 Burns and Hemakom(1977), Chakrabarti (1987), Hawkins(1990), Foutch(1990) 등에 의해 텐던 수평배치, 부착철근의 배근, 전단내력 등에 의한 영향이 실험을 통해 입증되었으며 현재 ACI 기준의 근간을 이루고 있다. 1990년대에 들어 Martinez-Cruzado, Qaisrani, Moehle(1994), Kang and Wallace(2005, 2008) 등이 비부착식 2방향 시스템(그림 1.1에서 1.3)에 대한 연구를 꾸

준히 수행하였고, 그 결과는 최근 건축 포스트텐션 설계규정에 반영되고 있다(Kang 등, 2008). 횡저항 시스템과의 상관관계가 복잡하고 비정형성을 가지는 건축 포스트텐션 시스템의 거동은 포스트텐션 교량의 그것과 매우 다르기 때문에 계속적인 연구가 요구된다.

비부착식 및 부착식 1방향 보 연구의 경우(예 : Naaman, 1990) 2방향 슬래브에 비해 상대적으로 많은 연구가 수행되었다. 부착식의 1방향 시스템 연구의 경우 포스트텐션 교량 설계규정에 주로 반영된 반면, 비부착식 1방향 시스템 연구의 경우 포스트텐션 골조의 휨강도 산정에 영향을 끼쳤다. 한편 부착식 2방향 시스템 연구의 경우에는 기존 연구 사례가 매우 부족하다.

1990년대에는 포스트텐션 모멘트 골조에 대한 관심이 증대되어 Stanton 등(1997), Warcholik and Priestley(1998), Englekirk(2003)에 의해 이 시스템의 내진성능에 관한 연구가 이루어졌다. 프리캐스트 모멘트 골조에서 습식 접합부를 도입하여 접합부의 내진성능을 확보하는 공법은 매우 비경제적이고 공기지연의 원인이 된다. 따라서 우수한 내진성능을 가지는 순수 건식 접합부 연구가 계속 요구된다.

그림 1.1 **포스트텐션 플랫플레이트 진동대 실험체**
(Kang and Wallace, 2005)

그림 1.2 **PT 외부 접합부 뚫림 전단해석 모델 (Huang 등, 2010)**

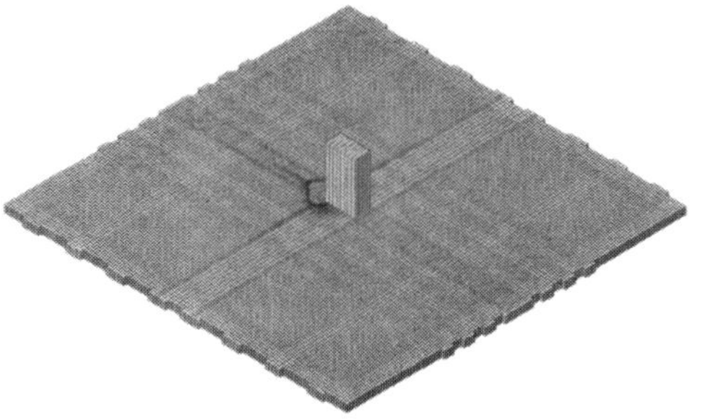

그림 1.3 **PT 내부 접합부 뚫림 전단해석 모델 (Kang and Huang, 2012)**

1.2.2 국내 동향

국내에서는 교량 포스트텐션 시스템에 대한 연구(예: 신현묵, 2008)가 선행되었으며 건축 포스트텐션 시스템에 대한 연구는 2000년대에 들어 활기를 띠기 시작하였다. 포스트텐션 플랫플레이트의 경우 한양대 등에서 실험적 연구가 수행되었으며, 해석적 연구는 한남대, 서울시립대 등에서 수행되었다. 그밖에 포스트텐션 시스템을 응용한 합성보 등에 관한 연구 또한 수행되고 있다. 그럼에도 불구하고 건축 포스트텐션 시스템에 대한 국내 연구는 아직 미비하다. 이에 최근에 서울대에서 포스트텐션 모멘트 골조와 플랫플레이트의 연구가 진행되었다.

제 2 장 건축 포스트텐션 시스템의 설계

2.1 개요

건축 포스트텐션 시스템의 설계에 있어서 관련 분야 전문가의 경험과 지식은 반드시 필요하다. 부재에 능동적인 프리스트레싱을 가하여 구조물에 힘과 변형을 미리 가하기 때문에 포스트텐션 시스템 설계는 매우 신중해야 할 것이다. 규정을 적용하는데 있어서 건축물과 교량구조물에 공통적인 규정이 적용되기도 하고, 건축물에만 적용되는 규정 또는 지침이 적용되기도 한다. 현재 이러한 규정 및 지침들이 여러 문서에 산재되어 있다. 건축 포스트텐션 시스템에 국한된 국내 설계지침은 각 회사마다 따로 개발되어 왔으며, 여기에는 정확하지 않은 정보가 담겨 있기도 하고 일관성도 부족한 것이 사실이다. 때에 따라서는 건축물과 교량구조물의 규정이 상충되기도 하고, 국내외 규정이 서로 상이하기도 하다. 여기에는 국내 규정의 개정이 더딘 이유도 있다.

이 장에서는 국내외 건축 포스트텐션 관련 규정들을 기반으로 하여 현재 국내 현장에서 공통적으로 적용되는 건축 포스트텐션 시스템 설계 관련 실무지침을 정리하였다. 또한 건축 포스트텐션 전문 프로그램 관련 사용법도 간략하게 소개한다.

2.2 휨설계

2.2.1 일반 사항

1) 설계 개념

포스트텐션 부재의 휨설계는 사용하중 설계와 강도 설계를 모두 만족시켜야 한다. 즉, 사용하중에 대해 만족스럽게 설계되었다 하더라도, 초과하중에 대하여 항상 충분한 여유를 갖고 있는 것은 아니기 때문에 다른 철근콘크리트 부재와 마찬가지로 강도 설계도 반드시 함께 이루어져야 한다.

국내외 규정에서는 사용하중에 대한 설계는 긴장 도입 직후 단계와 사용하중 단계의 총 2단계에서 콘크리트 허용응력 및 긴장재의 허용응력을 확인하도록 하고 있다(2.2.2절). 이때 프리스트레스값으로는 긴장 도입 직후 단계에서는 긴장력에서 쐐기 슬립 등에 의해 발생한 즉시 손실이 고려된 값(f_{pi})을 사용한다. 작용하중은 마감하중과 활하중이 재하되기 전 부재자중에 대해서만 고려한다. 단, 긴장 도입 직후 시공하중이 재하되는 경우 시공하중을 부재자중과 함께 반영해야 한다. 또한 초기 재령 콘크리트강도(f_{ci})를 사용한다. 콘크리트의 허용응력은 비균열단면을 전제로 한 경우와 부분균열을 허용하는 경우 등에 따라 달라지기 때문에 설계할 때 2.2.2절에 나타난 바와 같이 검토한다.

사용하중 단계에 대해서는 지속 하중과 전체 하중으로 나눠서 콘크리트의 응력을 제한하고 있으며, 이때 프리스트레스값으로는 시간에 따른 손실을 모두 고려한 값인 유효프리스트레스 응력(f_{pe})을 사용한다. 콘크리트 강도값은 콘크리트의 설계기준압축강도(f_{ck})를 사용한다. 그리고 2방향 슬래브 시스템의 경우 비균열 등급으로 모두 분류하고 콘크리트 허용응력도 1방향 시스템에 비하여 더 제한적이다(2.2.2절).

마지막으로 강도 설계에 있어서는 공칭강도를 산정해야 한다. 공칭강도가 발휘될 때 프리스트레싱 긴장재의 인장응력(f_{ps})으로 계산된 설계모멘트강도(ϕM_n)가 계수하중에 의한 휨모멘트(M_u)와 프리스트레싱과 구속에 의해 발생하는 2차 모멘트(secondary moment)의 합으로 계산된 소요 계수모멘트 이상인지 검토한다.

각 휨설계 단계별 주요 사용변수와 검토사항은 표 2.1과 같다.

표 2.1 각 휨설계 단계별 주요 사용변수와 검토사항(중력하중만 작용할 때)

	긴장 도입 직후 단계	사용하중 단계		계수하중 단계 (강도설계 단계)
		지속 하중	전체 하중	
하중조합	1.0(SW)+1.0(PT)	(a)	(b)	1.2(SW+SDL)+1.6(LL)+1.0(HYP)
긴장재의 프리스트레스	f_{ci}	f_{pe}		f_{ps}
철근	허용인장응력 초과할 때 검토	2.2.3절		휨강도에 반영
콘크리트 응력	검토	검토		–
긴장재 응력	검토	–		–
휨강도	–	–		검토

(a) 1.0(SW+SDL)+0.3(LL)+1.0(PT)
(단, 지속 하중에 대한 활하중의 비율[0.3]은 각 구조물의 용도에 맞게 판단하여 사용할 것)
(b) 1.0(SW+SDL)+1.0(LL)+1.0(PT)
SW : Selfweight(자중)
SDL : Superimposed dead load(마감하중 등 추가적인 고정하중)
LL : Live load(활하중)
PT : Prestressing load(프리스트레싱 하중)
HYP : Hyperstatic(secondary) load(부정정에 의한 2차 하중)

2) 단면 가정

효율적인 설계를 위해 설계 초기에 적절한 단면 가정은 필수적이다. 초기 단면 가정은 경간/부재깊이 비, 평균 선행압축응력, 균형하중 등을 통해 가정할 수 있다. PTI에서는 경제적이고 구조적으로 만족스러운 설계를 위해 표 2.2와 같이 바닥 시스템별로 경간/부재깊이 비를 제시하고 있다.

표 2.2 PTI에서 제시하는 적정 경간/부재깊이 비

바닥 시스템	경간/부재깊이 비
1방향 슬래브	48
2방향 슬래브	45
지판과 함께 쓰인 2방향 슬래브 (각 방향 최소 지판길이 : $L/6$)	50
보와 함께 쓰인 2방향 슬래브	55
보 ($b \fallingdotseq h/3$)	20
보 ($b \fallingdotseq 3h$)	30
장선구조	40

* 단, 위 값들은 활하중/고정하중 비가 1보다 작은 경우에만 적용됨.

표 2.2에서 제시하고 있는 경간/부재깊이 비는 마감하중이 크지 않고 활하중이 고정하중에 비해 작은 경우를 가정하고 있으므로, 각 설계하중 및 평면계획에 맞게 적절히 조정하여 적용한다.

예를 들어, 주거용으로 사용되는 플랫플레이트 슬래브의 두께를 가정할 경우 미국과 달리 국내에서는 패널히팅 등의 마감하중이 추가적으로 부가되므로 경간/부재깊이 비를 40 정도로 가정할 수 있고, 외부기둥 바깥쪽으로 적절한 길이의 캔틸레버 슬래브가 계획되어 있다면 더 큰 값을 적용할 수 있다.

비부착식 긴장재를 사용하는 경우 일반적으로 슬래브는 정착구가 1단만 설치되는데 비해, 보에서는 여러 단으로 나뉘어 설치된다. 각 정착구의 크기 및 정착구 사이의 간격은 각 제품마다 조금씩 차이가 있는데, 보의 크기를 가정하기 위해서는 경간/부재깊이 비뿐만 아니라 정착구의 크기 및 배치를 염두에 두어야 한다.

3) 평균 선행압축응력(average precompression)

평균 선행압축응력은 긴장재에 의해 포스트텐션 부재에 가해진 압축력에 의한 단면 도심에서의 응력으로서 (P_e/A)로 산정한다. 이때 P_e는 유효프리스트레스 힘이고 A는 부재의 단면적이다. 실제 포스트텐션 부재의 선행압축응력 분포는 정착구 부근에 집중되고 부재 내부에서는 분산되어 대체적으로 균일한 값을 나타낸다.

기준상 평균 선행압축응력의 제한값은 표 2.3과 같으며, 보와 직각방향의 1방향 슬래브나 트랜스퍼 전이층의 경우 표 2.3의 적용을 받지 않는다. 즉, 최소 평균 선행압축응력을 맞출 필요는 없다. 보-슬래브의 경우 T형의 총단면적을 고려하여 최소 평균 선행압축응력을 적용하고, 슬래브의 폭은 보 사이 간격의 중심을 기준으로 산정한다. 현장에서 주로 사용되는 평균 선행압축응력의 범위는 표 2.4에 정리되어 있다.

표 2.3 **기준상 평균 선행압축응력 제한값**

구분	최소 평균 선행압축응력
보-슬래브에 수축 · 온도 보강용으로 철근 대신 긴장재를 배치하는 경우	0.7MPa
2방향 슬래브	0.9MPa

표 2.4 **현장에서 사용되는 평균 선행압축응력 참고사항**

종류	평균 선행압축응력
2방향 슬래브	1.0~2.0MPa
보	1.5~2.5MPa
넓은 보	2.5~3.5MPa
트랜스퍼 거더	3.5MPa 이상

4) 균형하중

긴장재의 수직배치 형상와 긴장력에 따라 긴장재에 의해 포스트텐션 부재에 전달되는 다양한 형태의 힘을 얻을 수 있다.

일정한 편심(e)을 갖는 직선 긴장재에 긴장력(P)을 가할 경우 콘크리트 부재에서는 Pe의 주모멘트가 발생된다. 이는 정착구 위치에서 P와 Pe에 의해서 각각 콘크리트 부재에 단부압축력과 단부모멘트가 발생하기 때문이다. 경간 중간에서 꺾인 직선 긴장재를 사용하면 꺾인 부분에서 상향의 집중하중이 발생된다. 포물선 형태로 긴장재를 배치할 경우 상향의 분포하중을 발생시킬 수 있다. 이러한 프리스트레싱에 의해 콘크리트에 가해지는 수직하중, 단부축력과 단부모멘트 등을 등가하중(equivalent load)이라고 한다.

등가하중에서 부재에 수직으로 작용하는 하중을 균형하중(balancing load)이라 하는데, 자중에 대한 균형하중의 비율을 산정함으로써 초기 설계가 시작된다. 자중의 100% 균형하중 상태에서는 휨모멘트가 발생하지 않고 압축응력만 발생하므로 이론적으로 균열과 처짐이 없다. 실제적으로는 구조물에 작용하는 외력의 변동성에 따라 긴장재의 형태 및 긴장력을 조정할 수 없으므로, 일반적으로 등분포를 가정한 자중의 일정 부분을 상쇄하는 균형하중의 비율을 산정함으로써 설계가 이루어진다(표 2.5).

이 균형하중은 일반적으로 가장 경간이 큰 부분에 적용되며, 연속된 짧은 경간이나 캔틸레버 부분에서는 상대적으로 덜 중요한 지표가 될 수 있다.

표 2.5 **초기 설계에서 참고사항으로 사용되는 균형하중**

종류	균형하중
2방향 슬래브	60~80% SW
보	80~110% SW

* SW : Selfweight(자중)

2.2.2 허용응력

1) 콘크리트의 허용응력

(1) 허용응력

(a) 비균열 등급

전술하였듯이 사용하중에 대한 설계를 할 때는 긴장 도입 직후 단계와 사용하중 단계의 총 2단계에서의 콘크리트 허용응력을 확인해야 한다. 국내외 규정에서 제시하는 비균열 등급의 콘크리트 허용응력은 표 2.6에 정리되어 있다.

표 2.6 **비균열 등급의 콘크리트 허용응력**

구분	긴장 도입 직후	사용하중	
		지속 하중	전체 하중
압축응력	$0.6f_{ci}$ $0.7f_{ci}$ (a)	$0.45f_{ck}$	$0.6f_{ck}$
인장응력(f_t)	$0.25\sqrt{f_{ci}}$ $0.5\sqrt{f_{ci}}$ (a)	$0.63\sqrt{f_{ck}}$ $0.5\sqrt{f_{ck}}$ (b)	

(a) 단순지지부재 단부의 경우
(b) 2방향 슬래브의 경우

(b) 부분균열 등급

부분균열 등급의 경우 1방향 시스템에서 적용될 수 있으며, 표 2.7에 정리되어 있다. 부분균열 등급의 부재라 하더라도 콘크리트 응력을 산정할 때 비균열 전단면을 가정하여 단면2차모멘트 등을 계산한다.

비균열 등급과 부분균열 등급 이외에 균열 등급을 국내외 규정에서 명시하고 있는데(다음 소절), 균열 등급의 경우 건축 포스트텐션 시스템에서는 자주 사용되지 않는다.

표 2.7 **부분균열 등급의 콘크리트 허용응력**

구분	긴장 도입 직후	사용하중	
		지속 하중	전체 하중
압축응력	$0.6f_{ci}$ $0.7f_{ci}$ (a)	$0.45f_{ck}$	$0.6f_{ck}$
인장응력(f_t)	$0.25\sqrt{f_{ci}}$ $0.5\sqrt{f_{ci}}$ (a)	$0.63\sqrt{f_{ck}} < f_t \le 1.0\sqrt{f_{ck}}$	

(a) 단순지지부재 단부의 경우

(2) 사용성에 관한 설계 요구조건

표 2.8은 콘크리트 허용응력, 처짐 및 균열제어 등의 사용성에 관한 설계 요구조건을 정리한 것으로서, 국내외에서 공통적으로 적용되는 설계 요구조건이다. 건축 포스트텐션 시스템에서는 부분균열 등급과 비균열 등급이 주로 사용되고, 2방향 슬래브의 경우 비균열 등급을 따르되 콘크리트 허용인장응력의 경우 더욱 보수적으로 적용된다.

표 2.8 **사용성에 관한 설계 요구조건**

구분	포스트텐션 콘크리트 부재			철근콘크리트 부재
	비균열 등급	부분균열 등급	균열 등급	
거동	비균열 상태	비균열과 균열의 중간 상태	균열 상태	균열 상태
사용하중 응력 계산 때의 균열조건	비균열 전단면	비균열 전단면	균열 단면	조건 없음
긴장 도입 직후 허용응력	표 2.6	표 2.7	표 2.7과 같음	조건 없음
비균열 단면 성질로 계산한 허용압축응력 (사용하중 상태)	표 2.6	표 2.7	조건 없음	조건 없음
사용하중 상태의 인장응력	$\le 0.63\sqrt{f_{ck}}$	$0.63\sqrt{f_{ck}} < f_t \le 1.0\sqrt{f_{ck}}$	조건 없음	조건 없음
처짐 계산 근거	비균열 전단면	균열 단면	균열 단면	유효단면2차 모멘트 적용
균열 제어	불필요	불필요	균열제어 철근배근	균열제어 철근배근
표면철근	불필요	불필요	표면철근배근	표면철근배근

* 단, 2방향 슬래브는 $f_t \le 0.5\sqrt{f_{ck}}$ 를 만족하는 비균열 등급 부재로 설계되어야 한다.

2) 긴장재의 허용응력

표 2.9에는 사용하중 상태에 대한 긴장재 허용응력이 정리되어 있다. 이는 긴장력을 도입할 때 긴장재의 응력이 항복강도에 도달하지 않도록 하기 위함이다.

표 2.9 **긴장재의 허용응력**

시기	긴장 때	정착 후
인장응력	$\min(0.94f_{py},\ 0.8f_{pu})$	$0.7f_{pu}$

$\frac{항복강도}{인장강도}=\frac{f_{py}}{f_{pu}}$를 항복비라고 하는데 프리스트레스 강재의 경우에는 항복비가 80% 이상이 되어야 한다.

포스트텐션 부재에서는 일반적으로 7연선 B종의 PS 강연선을 많이 사용하는데, KS D 7002에 따르면 15.2mm 강연선의 인장하중은 260kN, 0.2% 영구 연신율 하중은 220kN로 항복비는 85%이며, 긴장할 때 허용인장응력인 $0.94f_{py}$와 $0.8f_{pu}$는 항복비 85% 기준으로 거의 동일한 제한값인 것을 알 수 있다.

2.2.3 최소 부착철근

기준에서는 비부착식 텐던을 사용한 포스트텐션 휨부재에 대해서 최소량 이상의 철근을 배근하도록 규정하고 있다. 이 철근들을 배근함으로써 비부착식 포스트텐션 부재는 일반적인 철근콘크리트 부재와 유사한 균열의 분산과 연성을 확보할 수 있고, 균열의 집중을 방지하여 "Tied-arch" 거동을 예방할 수 있다.

특히 1방향 슬래브와 보의 경우, 2개 경간 이상의 연속부재의 어느 한 경간의 비부착식 텐던이 비정상적인 하중이나 화재에 의해 파괴된다면 다른 경간에도 프리스트레스의 손실 및 하중 지지능력 대부분이 손실을 가져올 수도 있다. 이때 최소 부착철근은 텐던의 파괴에도 불구하고 독립적인 하중저항능력을 제공한다.

반면에 2방향 슬래브는 어느 한 경간에서 설계조건을 초과하는 극단적인 조건이 발생하더라도 다른 경간에서 1방향 시스템과 같은 치명적인 영향을 받지는 않는다.

이는 많은 실험을 통해 증명되었으며, 이와 같은 이유로 부재가 1방향 시스템인지 2방향 시스템인지에 따라 최소 철근량은 다르게 규정되어 있다. 한편 부착식 텐던을 사용하더라도 균열모멘트와 공칭모멘트강도의 비에 따라 부착철근을 배근해야 한다. 다음은 비부착 방식 1방향 및 2방향 시스템에 적용되는 최소 부착철근 규정이다.

1) 1방향 슬래브와 보

1방향 슬래브와 보에서 필요한 최소 부착철근량 A_s은 다음 식 (2.1)과 같으며, 사용하중에 대한 응력 상태에 관계없이 배치해야 한다.

$$A_s = 0.004 A_{ct} \tag{2.1}$$

여기서, A_{ct}는 콘크리트 전단면의 중심축과 인장연단 사이의 단면적이다.

속이 차 있는 슬래브의 경우 A_{ct}는 $0.5A_c$와 같으므로 결과적으로 철근콘크리트 슬래브의 최소 수축·온도 철근비 0.002와 동일한 값이 된다. 여기서, A_c는 전체 단면적이다.

2) 2방향 플랫플레이트와 플랫슬래브

2방향 플랫플레이트와 플랫슬래브는 슬래브에서 기둥으로 직접 힘이 전달되는 바닥 구조시스템을 말한다. 이러한 2방향 슬래브에서는 부모멘트 구역과 정모멘트 구역의 최소 철근량을 다르게 정의하고 있다. 단, 보나 벽체에 지지되는 2방향 슬래브는 1방향 슬래브의 최소 부착철근량을 각 방향에 대해 적용한다.

(1) 기둥받침부의 부모멘트 구역

부모멘트 구역에서 요구되는 부착철근량 A_s은 다음 식 (2.2)와 같다.

$$A_s = 0.00075 A_{cf} \tag{2.2}$$

여기서, A_{cf}는 2방향 슬래브의 기둥 위치에서 2개의 직교하는 등가골조 슬래브-보대의 단면적 중 큰 값이다.

(2) 정모멘트 구역

정모멘트 구역의 인장응력이 $0.17\sqrt{f_{ck}}$를 초과할 경우(단, $0.5\sqrt{f_{ck}}$보다는 작아야 함) 최소 부착철근량은 다음 식 (2.3)과 같다.

$$A_{s,\min} = \frac{N_c}{0.5f_y} \tag{2.3}$$

여기서, f_y는 420MPa 이하를 취하며 N_c는 비균열, 균질단면에 사용하중이 작용할 때 콘크리트에 발생된 인장력이다. 즉, 2방향 슬래브에서 중심축과 인장연단 사이에 발생하는 인장력이다.

2.2.4 휨강도

사용하중에 대한 여러 허용기준을 고려하여 긴장재의 개수, 수평배치, 수직배치 형상(profile) 등이 결정되면 계수하중에 대하여 부재의 휨강도를 계산하여 부재를 설계한다. 또는 그 반대의 순서로 할 수도 있다. 강도설계는 모든 단면에서 하중에 의해 발생하는 소요강도 이상의 휨 성능을 제공하는 것이다. 소요강도는 계수고정하중, 계수활하중 및 비계수 2차모멘트에 의해 단면에 작용하는 휨모멘트이다. 포스트텐션 부재의 휨강도는 철근콘크리트의 경우와 동일한 가정을 기초로 하여 산정한다.

직사각형 단면 또는 압축플랜지 두께(t_f)가 a 이상인 경우에는 다음 식 (2.4)와 같이 설계휨강도를 계산할 수 있다.

$$\phi M_n = \phi\left[A_p f_{ps}\left(d_p - \frac{a}{2}\right) + A_s f_y\left(d - \frac{a}{2}\right)\right] \tag{2.4}$$

여기서, $a = \dfrac{A_p f_{ps} + A_s f_y}{0.85 f_{ck} b}$ 이다.

부재가 공칭휨강도에 도달하였을 때 긴장재의 인장응력(f_{ps})의 값은 여러 영향인자에 따라 변한다. 그러므로 f_{ps}의 정확한 값은 힘의 평형조건, 응력-변형률 관계, 변형률 적합조건, 마찰상태, 고정 정착구와 긴장 정착구 사이의 길이, 플라스틱 힌지 수 등을 이용하여 구할 수 있다. 그러나 계산과정이 설계식으로 활용하기에는 복잡하므로 f_{ps}의 값이 $0.5f_{pu}$ 이상인 경우에 한하여 다음과 같은 근사식을 주로 사용하고 있다.

1) 부착 방식

부착 방식을 사용하는 부재에 대해서는 f_{ps}를 다음 식 (2.5)에 의해 구할 수 있다.

$$f_{ps} = f_{pu}\left[1 - \frac{\gamma_p}{\beta_1}\left\{\rho_p \frac{f_{pu}}{f_{ck}} + \frac{d}{d_p}(\omega - \omega')\right\}\right] \tag{2.5}$$

여기서, $\rho_p = \dfrac{A_{ps}}{bd_p}$, $\omega = \dfrac{\rho f_y}{f_{ck}}$, $\omega' = \dfrac{\rho' f_y}{f_{ck}}$이고, γ_p는 $\dfrac{f_{py}}{f_{pu}} \geq 0.80$일 때 0.55, $\dfrac{f_{py}}{f_{pu}} \geq 0.85$일 때 0.40, $\dfrac{f_{py}}{f_{pu}} \geq 0.90$일 때 0.28이다. 그리고 f_{ps}를 계산할 때 압축철근을 고려한다면 $\left[\rho_p \dfrac{f_{pu}}{f_{ck}} + \dfrac{d}{d_p}(\omega - \omega')\right]$의 값을 0.17 이상으로 해야 하고 d'는 $0.15d_p$ 이하로 해야 한다.

2) 비부착식 방식

비부착 방식을 사용하는 부재에서 f_{ps}는 다음 식 (2.6)과 (2.7)에 따라 구할 수 있다.

① 깊이에 대한 경간의 비가 35 이하인 경우

$$f_{ps} = f_{pe} + 70 + \frac{f_{ck}}{100\rho_p} \tag{2.6}$$

여기서, f_{ps}는 f_{py} 또는 $(f_{pe} + 420)$MPa 이하로 해야 한다.

② 깊이에 대한 경간의 비가 35보다 큰 경우

$$f_{ps} = f_{pe} + 70 + \frac{f_{ck}}{300\rho_p} \tag{2.7}$$

여기서, f_{ps}는 f_{py} 또는 (f_{pe} +210)MPa 이하로 해야 한다.

3) 부착 긴장재를 사용할 때의 $1.2M_{cr}$ 제한사항

기준에서는 휨균열의 발생과 함께 부재의 취성파괴가 일어나는 것을 방지하기 위해 균열모멘트의 1.2배 이상의 모멘트강도를 발휘하도록 철근과 부착 긴장재의 전체량을 산정하도록 규정하고 있다. 즉, 다음 식 (2.8)을 만족해야 한다.

$$\phi M_n \geq 1.2\,M_{cr} \tag{2.8}$$

여기서, M_{cr} 은 $\left(\dfrac{P}{A}+\dfrac{Pe}{S}+f_r\right)S$이고 f_r 는 $0.63\lambda\sqrt{f_{ck}}$ 이다.

다만, 모든 비부착 시스템과 부착 시스템에서 전단강도와 모멘트강도가 모두 소요강도의 2배 이상이 되는 휨부재는 위의 제한사항을 따르지 않을 수 있다고 2008년에 ACI 318이 개정되었다. 따라서 일부 부착 시스템에서만 위 제한사항의 적용을 받는다.

2.2.5 긴장재와 철근의 배치

1) 1방향 슬래브

(1) 긴장재

일반적인 활하중과 등분포하중을 받는 1방향 슬래브 텐던의 간격은 슬래브 두께의 8배와 1.5m 중 작은 값 이하로 한다. 집중하중을 받는 슬래브의 경우는 하중의 크기와 재하상황에 따라 적절히 판단하도록 한다.

(2) 철근

기준에는 비부착식 포스트텐션 슬래브 철근의 간격에 대한 규정이 따로 없으나, ACI 423에서는 경험상 슬래브 두께의 6배나 0.9m 중 작은 값 이하로 설치하도록 제시하고 있으며, 슬래브에 사용되는 일반적인 크기의 철근을 선택할 경우 최소 부착철근량에 의해 그보다 작은 간격으로 배근된다.

2) 보

포스트텐션 보의 경우 경간, 하중, 부재 및 긴장력의 크기에 따라 각기 다른 설계 방식을 따르기 때문에 구조설계사무소 및 포스트텐션 전문업체와 협의하여 긴장재와 철근 배치 및 상세를 적절하게 결정한다.

3) 2방향 플랫플레이트

(1) 긴장재

기준상 등분포 활하중과 고정하중에 대하여 최소한 1방향으로는 배치된 긴장재의 간격이 슬래브 두께의 8배, 1.5m 중 작은 값 이하로 배치되도록 되어 있다. 즉, x, y 양 방향 중 어느 한쪽 방향의 긴장재에만 간격제한 사항을 적용하게 되어 있는데, 이는 그림 2.1(a)와 같이 한쪽 방향은 기둥 주위에 긴장재를 집중하고 직교방향은 분산하는 경우를 고려한 조항이다. 이런 집중-분산 배치는 가장 일반적인 수평배치형태인데, 현장작업이 수월하여 공기나 노무비 측면에서 이점이 있으며, 구조적 성능 또한 다른 긴장재 배치형태들과 같은 만족스런 성능을 보여준다는 것이 많은 연구를 통해 알려졌다.

그림 2.1(b)와 같이 양 방향 모두 기둥 주위로만 집중 배치하는 것은 뚫림 전단과 처짐 측면에서 가장 효과적인 배치이다. 이런 경우 주열대를 보처럼 보고, 보를 지점으로 한 일반 2방향 슬래브로 가정하여 그에 따른 배근을 고려해야 한다. 그러나 다른 수평배치형태에 비해 철근량이 추가적으로 필요할 수 있으며, 기둥 주위에 개구부를 설치할 수 없다. 이런 수평배치형태는 유럽에서는 허용하나 미국 규정(ACI 318, 2011)에서는 허용하지 않고 있다. 다만, 미국 PTI에서 집중-집중 배치에 대한 필요성을 인식하고 있으며, 따라서 이러한 수평배치형태에 대한 안전성을 검증하기 위한 연구를 추진하고 있다.

그림 2.1(c)와 같이 양 방향 모두 분산 배치하는 것도 가능하고, 일반 철근콘크리트 슬래브 설계처럼 주열대, 중간대를 나누어 배치하는 것도 가능하다. CEB-FIP(1993)에서는 주열대에 적어도 50%의 긴장재를 배치하는 것을 추천하고 있다. 이러한 분산-분산 배치형태는 마치 바구니를 엮어서 만들 듯이 양 방향의 긴장재가 교차되는 부분들이 불규칙적으로 발생하기 때문에 시공이 어렵고 노무비가 증가하게 되어 비실용적이다.

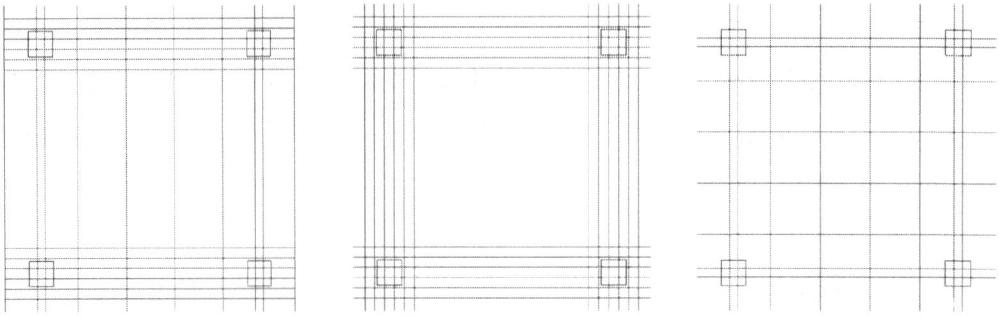

(a) 집중-분산 배치　　(b) 집중-집중 배치　　(c) 분산-분산 배치

그림 2.1 **2방향 슬래브에서 긴장재의 수평배치**

기준에서는 수평배치형태에 상관없이 2개 이상의 긴장재를 기둥을 지나 양 방향 모두 배치하도록 규정하고 있다. 또는 최소 하부 부착철근량이 기둥 양쪽으로 슬래브 두께의 1.5배 이내의 폭 내에 양 방향 모두 배치되었다면 한 방향으로만 2개 이상의 긴장재가 관통해도 된다.

(2) 철근

기둥받침부의 부모멘트 구역에서 계산된 최소 상부 부착철근량은 기둥 양쪽으로 슬래브 두께의 1.5배 이내의 폭 내에 균등하게 배치하되, 4개 이상의 철근을 300mm 이하의 간격으로 배치한다. 정모멘트 구역에서 부착철근이 2.2.3절의 2)에 의하여 요구된다면 이 부착철근은 인장이 작용하는 슬래브 전체 폭에 균일한 간격으로 배근한다.

4) 건조수축 및 온도변화에 대한 보강으로 1방향 보-슬래브에 긴장재를 배치하는 경우

2.2.1절에 의해 유효프리스트레스(f_{pe})에 의한 콘크리트 평균 선행압축응력이 0.7MPa 이상이 되도록 긴장재를 설치한다. 보 사이의 슬래브에 최소 1개의 텐던이 배치되어야 한다. 건조수축, 온도 보강용 텐던의 간격은 어떠한 경우라도 1.8m를 넘지 않아야 하고 1.4m를 넘을 경우 수축, 온도 철근을 추가해야 한다. 철근량은 기준상 일반 철근 콘크리트 2방향 슬래브의 건조수축·온도 철근량을 적용하고, 길이는 슬래브 끝단에서 안쪽으로 텐던 간격 이상만큼 들어가게끔 한다.

건조수축, 온도 보강용 텐던은 단면상 가능한 슬래브의 두께 중심에 배치한다. 반대 방향의 1방향 슬래브에 배치된 텐던의 수직배치형태(profile)와 상충된다면 건조수축, 온도 보강용 텐던은 슬래브 두께의 1/3~2/3 지점 사이에 배치할 수 있다.

2.3 전단설계

2.3.1 일반 사항

포스트텐션 부재의 설계는 주로 휨에 의해 결정되지만, 전단파괴의 취성적인 거동으로 인한 급작스런 파괴를 방지하는 것 또한 매우 중요하다.

포스트텐션 부재의 전단설계 개념은 콘크리트와 전단철근의 전단강도 합이 작용하는 전단력보다 같거나 크도록 하는 철근콘크리트 부재의 전단설계와 같으며, 설계전단강도(ϕV_n)는 다음 식 (2.9)와 같이 계산한다.

$$\phi V_n = \phi(V_c + V_s) \tag{2.9}$$

여기서, V_c는 콘크리트에 의한 공칭전단강도이며 V_s는 전단철근에 의한 공칭전단강도이고, 강도식과 전단보강 상세는 일반 철근콘크리트의 전단기준을 따른다.

2.3.2 전단강도 및 전단응력

1) 1방향 슬래브

일반적으로 적절한 두께로 계획된 분포하중을 받는 1방향 슬래브에서 전단응력은 매우 작다. 집중하중이나 선하중을 받는 경우는 주의를 요하는데, 집중하중을 받는 경우는 2방향 슬래브의 뚫림 전단과 같은 방법으로 전단설계가 이루어져야 한다.

분포하중이나 선하중을 받는 1방향 슬래브의 전단강도는 보수적으로 일반 철근콘크리트 슬래브의 전단강도를 계산하는 다음 식 (2.10)에 의해 사용한다.

$$V_c = \frac{1}{6}\lambda\sqrt{f_{ck}}\,b_w d \tag{2.10}$$

여기서, λ는 경량 콘크리트 계수, f_{ck}는 콘크리트의 설계기준압축강도, b_w는 복부의 폭, 그리고 d는 긴장재와 철근 도심에서 연단까지 거리와 $0.8h$ 중 큰 값이다.

콘크리트의 전단강도만으로 모자랄 경우 보편적으로 철근을 보강하기보다는 슬래브의 두께를 키워서 전단강도를 증가시키는 방법을 택한다.

2) 보

(1) 약산식

휨철근 인장강도의 40% 이상의 유효프리스트레스 힘이 작용하는 부재의 경우 다음 식 (2.11)에 따라 V_c를 계산한다.

$$V_c \le (0.05\lambda\sqrt{f_{ck}} + 4.9\frac{V_u d_p}{M_u})b_w d \tag{2.11}$$

단, $\frac{1}{6}\lambda\sqrt{f_{ck}}\,b_w d \le V_c \le 2.5(\frac{1}{6}\lambda\sqrt{f_{ck}}\,b_w d)$이다.

국내 기준에서 d는 철근콘크리트 부재의 경우에는 극한상태에서 종방향 인장력의 중심부터 압축 콘크리트 연단까지 거리를 말하며 이는 다음 식 (2.12)와 같다.

$$d = \frac{A_s f_y d_s + A_{ps} f_{ps} d_p}{A_s f_y + A_{ps} f_{ps}} \ge 0.8h \tag{2.12}$$

여기서, d_p는 콘크리트 압축연단에서 긴장재 중심까지 거리로 d와 차이가 있다. 한편 $b_w d$에서는 위 식에 나타나 있는 d를 사용한다. 여기서, d는 항상 $0.8h$ 이상을 취해야 한다.

(2) 정밀식

약산식에 의한 값보다 좀 더 정확한 공칭전단강도의 값으로 다음의 식 (2.13)과 (2.15)로 계산되는 V_{ci}와 V_{cw}중 작은 값으로 V_c를 취할 수 있다.

두 개의 식은 사인장균열의 발생형태에 따라 구분할 수 있다. 가장 일반적인 형태로 휨에 의한 수직균열 발생 후 수직균열의 윗부분부터 발생하는 사인장균열형태가 휨전단균열이며, 균열이 없던 보에서 발생한 사인장균열은 복부전단균열이다. 복부전단균열은 전단력이 크고 휨모멘트가 크지 않으며 복부폭이 작은 보에서 발생한다.

V_{ci}는 휨전단균열에 대한 강도로, 사인장균열이 전단과 휨모멘트의 조합에 기인할 때의 콘크리트에 의한 공칭전단강도이다. 다소 큰 휨모멘트가 큰 전단력과 동시에 작용하는 부분에 발생할 수 있는 전단파괴에 대한 강도식이다.

V_{cw}는 복부전단균열에 대한 강도로, 사인장균열이 복부의 과도한 주인장 응력에 기인할 때의 콘크리트에 의한 공칭전단강도이다. 작은 강성을 갖고 있는 외부기둥과의 접합부와 같이 큰 전단력과 작은 휨모멘트가 작용하는 부분에 발생할 수 있는 전단파괴에 대한 강도식이다.

일반적으로 철근콘크리트 부재에서는 휨전단균열 양상이 많이 나타나는 데 비해 주로 복부폭이 얇은 I형보 등의 프리스트레스 부재에서는 압축력의 도입으로 균열이 제어되고 2차모멘트에 의해 보 단부의 부모멘트가 감소하게 되므로, 복부전단균열에 대한 검토가 반드시 필요하다.

① 휨전단균열에 대한 콘크리트의 공칭전단강도

휨전단균열에 대한 공칭전단강도(V_{ci})는 다음 식 (2.13)에 의해 구할 수 있다.

$$V_{ci} = 0.05\lambda\sqrt{f_{ck}}\,b_w d_p + V_d + \frac{V_i M_{cre}}{M_{\max}} \qquad (2.13)$$

여기서, d_p는 $0.8h$ 이상이어야 하며 V_d는 고정하중의 작용에 의한 단면의 전단력이다. $M_{\max}$는 작용하중으로 인한 단면의 최대 계수휨모멘트이며, V_i는 $M_{\max}$와 동시에 일어나는 작용하중으로 인한 단면의 계수전단력이다. $M_{\max}$와 V_i의 값은 해당 단면에 최대 휨모멘트가 일어나는 하중조합으로부터 계산해야 하며, V_{ci}는 $0.17\lambda\sqrt{f_{ck}}\,b_w d$ 이상이어야 한다. M_{cre}는 작용하중에 의해 단면에 휨균열을 일으키는 휨모멘트로 M_{cr}과는 다르게 정의되며 다음 식 (2.14)와 같다.

$$M_{cre} = (\frac{I}{y_t})(0.5\lambda\sqrt{f_{ck}} + f_{pcc} - f_d) \tag{2.14}$$

여기서, f_{pcc}는 작용하중에 의해 인장응력이 발생하는 단면의 연단에서 모든 프리스트레스 손실을 감안한 유효프리스트레스 힘에 의한 콘크리트의 압축응력이다. f_d는 작용하중에 의해 인장응력이 발생하는 단면의 연단에서 하중계수를 곱하지 않은 고정하중으로 인한 응력이다.

② 복부전단균열에 대한 콘크리트의 공칭전단강도

보에서 복부전단균열에 대한 콘크리트의 공칭전단강도(V_{cw})는 식 (2.15)에 의해 구한다.

$$V_{cw} = (0.29\lambda\sqrt{f_{ck}} + 0.3f_{pc})b_w d_p + V_p \tag{2.15}$$

여기에서 d_p는 $0.8h$ 이상이고 f_{pc}는 작용하중을 저항하는 단면의 중심에서 유효프리스트레스에 의한 콘크리트의 압축응력, 또는 단면의 중심이 플랜지 내에 위치할 경우는 복부와 플랜지의 교차점에서 압축응력이며, V_p는 단면에서 유효프리스트레스 힘의 수직성분이다. λ는 경량 콘크리트 계수이다.

(3) 최소 전단철근

$V_u > 0.5\phi V_c$인 경우, 우발적이고 과도한 전단력에 의한 취성파괴를 방지하기 위해 최소 단면적의 전단철근을 배치해야 한다. 이때 부재축에 직각으로 배치된 전단철근의 간격은 $0.75h$와 600mm 중 작은 값 이하로 배치한다.

최소 전단철근량($A_{v,\min}$)은 일반 철근콘크리트 부재와 같으며, 휨철근 인장강도의 40% 이상의 유효프리스트레스 힘이 작용하는 프리스트레스트 콘크리트 부재에 대한 최소 전단철근량($A_{v,\min}$)은 $0.0625\sqrt{f_{ck}}b_w s/f_{yt}$와 $\frac{A_{ps}}{80}\frac{f_{pu}}{f_{yt}}\frac{s}{d}\sqrt{\frac{d}{b_w}}$ 중 작은 값 이상

으로 해야 한다.

3) 2방향 플랫플레이트

2방향 슬래브의 전단파괴는 기둥 주변의 국부적인 뚫림 전단파괴의 형태로 발생되며, 일반적으로 뚫림 전단에 의해 여러 부재의 크기가 결정된다. 또한 연직하중, 풍하중, 지진하중 또는 기타 횡하중으로 인하여 슬래브와 기둥 사이에 불균형모멘트가 전달될 때 일부는 전단편심으로 전달되므로, 전단력에 전단편심을 고려한 최대 전단응력(v_u)을 산정하여 계수공칭전단응력(ϕv_n)에 대해 검토하여 설계한다.

(1) 포스트텐션 슬래브의 전단강도 및 전단응력

전단설계에 대한 기본 개념은 철근콘크리트 플랫플레이트와 동일하다. 프리스트레스에 의한 압축력이 전단력에 저항할 수 있는 슬래브 단면의 압축대 깊이를 증가시키므로 전단강도는 다음과 같은 식을 사용한다. ACI(2011), PTI(2004, 2006, 2011), 현 건축구조기준(KBC, 2009) 그리고 기존의 콘크리트구조설계기준(2007)의 전단강도 및 전단설계 관련 내용들이 거의 동일한데, 이 실무매뉴얼에서는 국내 포스트텐션 건축물 구조설계 실무에서 주로 참조해온 ACI(2011)와 PTI(2006)의 규정을 소개한다. 단, 2012년 콘크리트구조기준에서는 2방향 거동에 대한 전단강도의 기준이 전면 개정되었다.

$$V_c = (\beta_p \lambda \sqrt{f_{ck}} + 0.3 f_{pc}) b_0 d + V_p \tag{2.16}$$

포스트텐션 슬래브의 공칭전단강도(V_c)는 다음 식 (2.16)에 의해 구한다. 전단응력은 $v_c = V_c/(b_0 d)$이며, V_p를 무시하였을 때, $v_c = \beta_p \lambda \sqrt{f_{ck}} + 0.3 f_{pc}$이다. 여기서, β_p는 0.29와 $(\alpha_s d/b_0 + 1.5)/12$ 중 작은 값이며, α_s는 내부기둥에 대해 40을 적용한다. f_{pc}는 양 방향의 평균값으로, 각 방향의 f_{pc}는 0.88MPa보다 크고 3.5MPa보다 작아야 한다. 너무 작은 압축력은 압축대 깊이를 증가시킬 수 없으며, 과도한 압축력은 오히려 전단-압축 손상을 가져올 수 있다. V_p는 위험단면에서 모든 유효프리스트레스 힘의 수직성분으로 전단강도에 미치는 영향이 작으므로 영(0)으로 취해도 무방하다.

식 (2.16)은 프리스트레스트 콘크리트 슬래브에 적용하도록 제안되었으나, 기둥 단면의 어느 부분도 불연속단으로부터 슬래브 두께의 4배보다 더 가까이 있지 않아야 하는 제한으로 인해 내부기둥에만 적용이 가능하다. 외부기둥 및 모서리기둥은 위험단면(b_0)에 걸쳐 압축력의 효과가 완전하지 않으므로 안전 측으로 다음 소절의 일반 철근콘크리트 슬래브의 전단강도를 사용한다.

(2) 철근콘크리트 슬래브의 전단강도 및 전단응력

철근콘크리트 슬래브의 전단강도 및 전단응력과 포스트텐션 슬래브 외부 접합부의 전단강도 및 전단응력은 공히 식 (2.17), (2.18), (2.19) 중 가장 작은 값으로 한다.

$$V_c = \frac{1}{6}(1+\frac{2}{\beta_c})\lambda\sqrt{f_{ck}}\,b_0 d,\ v_c = \frac{1}{6}(1+\frac{2}{\beta_c})\lambda\sqrt{f_{ck}} \tag{2.17}$$

$$V_c = \frac{1}{6}(1+\frac{\alpha_s d}{2b_0})\lambda\sqrt{f_{ck}}\,b_0 d,\ v_c = \frac{1}{6}(1+\frac{\alpha_s d}{2b_0})\lambda\sqrt{f_{ck}} \tag{2.17}$$

$$V_c = \frac{1}{3}\lambda\sqrt{f_{ck}}\,b_0 d,\ v_c = \frac{1}{3}\lambda\sqrt{f_{ck}} \tag{2.18}$$

여기서, β_c는 기둥의 장변/단변의 비로, 기둥형태에 대한 변수이고 b_0는 뚫림 전단에 대한 위험단면의 둘레길이이다. α_s는 내부기둥에 대해서 40, 외부기둥에 대해서 30, 모서리기둥에 대해서 20이다. 단, ACI 352(2011)에서는 포스트텐션 외부 접합부의 경우도 식 (2.16)을 사용할 수 있다고 기술하고 있다.

(3) 슬래브-기둥 접합부의 휨모멘트 전달

슬래브와 기둥 사이의 불균형모멘트는 그림 2.2와 식 (2.19)에 나타난 바와 같이 슬래브의 휨과 전단편심 2가지 형태로 전달된다. 정방형 내부기둥의 경우 슬래브 휨에 의한 비율이 60%이고 나머지 40%가 전단편심에 의해 전달되며 전단응력을 검토할 때 고려되어야 한다.

$$M_u = M_f + M_v \tag{2.19}$$

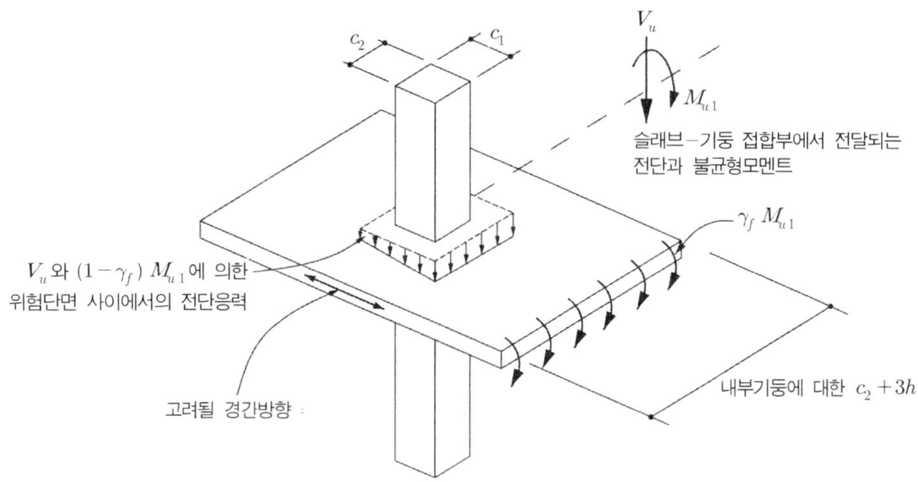

그림 2.2 **슬래브와 내부기둥 연결부의 전단과 모멘트 전달**

여기서, M_u는 슬래브에서 기둥으로 전달되는 계수불균형모멘트이고 M_f는 $\gamma_f M_u$, M_v는 $\gamma_v M_u$이며, 전달비율은 다음 식 (2.20)과 (2.21)에 의해 구한다.

$$\gamma_v = 1 - \frac{1}{1+\frac{2}{3}\sqrt{\frac{b_1}{b_2}}} \tag{2.20}$$

$$\gamma_f = 1 - \gamma_v \tag{2.21}$$

여기서, b_1과 b_2는 위험단면의 각 방향의 길이이고, 일반 철근콘크리트 슬래브-기둥 접합부 경우와는 달리 국내외 규정에서는 γ_f와 γ_v 계수의 보정은 허용하지 않고 있다. 실제로 포스트텐션 외부 접합부의 경우 전단편심에 의해 전달되는 불균형모멘트의 비율은 40%를 크게 밑도는 것으로 알려져 있으나 보수적으로 위 식을 사용한다.

위험단면에서 최대 계수전단응력은 다음 식에 의해 계산되고, 1방향 불균형모멘트와 직접전단력이 위험단면의 중심에 작용할 때의 전단응력분배가 그림 2.3에 나타나 있다.

$$v_u = \frac{V_u}{A} + \frac{\gamma_{vx} M_{ux} e_x}{J_x} + \frac{\gamma_{vy} M_{uy} e_y}{J_y} \tag{2.22}$$

식 (2.22)의 각 기호들은 그림 2.3을 참조한다.

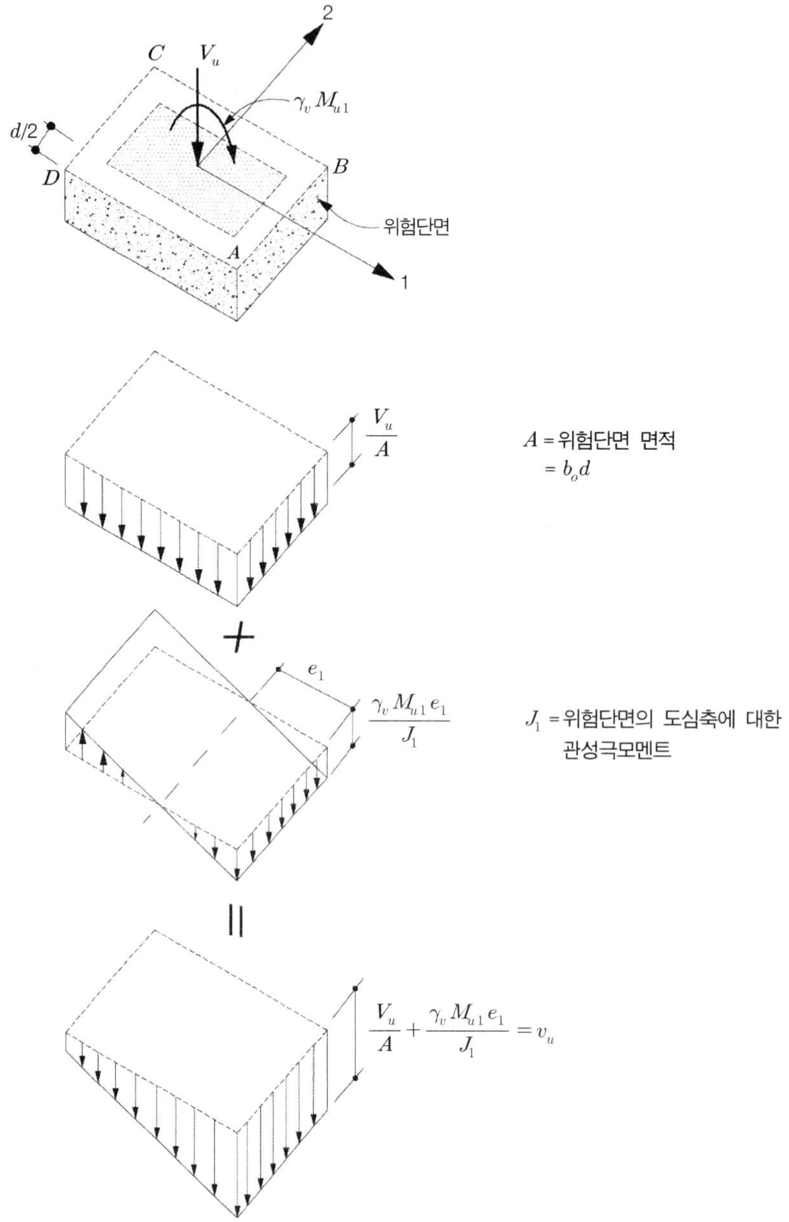

그림 2.3 V_u 와 $\gamma_v M_u$ 에 의한 전단응력분배

단, 식 (2.22)에서 연직하중과 풍하중에 의한 양 방향 불균형모멘트는 동시에 고려하나, 지진하중의 경우 설계과정에서 각 방향의 지진하중을 조합하지 않고 별도로 고려하도록 ACI(2011)와 PTI(2011)에서는 가정하고 있다.

2.4 횡하중에 대한 설계 고려사항

이 절에서는 건축 포스트텐션 시스템의 횡하중에 대한 설계 고려사항이 간략하게 정리되어 있다. 우리나라에서 건축 포스트텐션 시스템은 대부분 주 횡하중 지지구조인 벽체와 함께 쓰인다. 1방향 보-슬래브 시스템은 대부분 이중골조로서 25% 이상의 지진하중을 저항할 수 있도록 설계하고, 이때 보에 걸리는 휨모멘트와 전단력을 고려한다. 설계지진하중에 따라 특수모멘트골조나 중간모멘트골조의 설계 방식을 따라야 하는데, 특수모멘트골조의 경우 비부착 방식을 사용하고 평균 선행압축응력이 3.5MPa이나 $(f_{ck}/10)$ 중 작은 값을 넘지 않아야 한다. 또한 텐던의 공칭휨강도 기여도가 1/4 이하여야 하며, 설계 횡변위 상태에서 텐던 변형률은 1%를 초과하지 않아야 한다. 특수모멘트골조에 사용되는 텐던 정착구는 텐던 인장강도의 40%와 85% 사이의 50회 피로재하를 견딜 수 있어야 한다.

2방향 플랫플레이트 및 플랫슬래브의 경우 역시 대부분 벽체와 함께 설계되는데, 중력하중 저항시스템이나 25% 이상의 횡하중을 담당하는 이중골조시스템의 일부로 쓰인다. 단, 중력하중 저항시스템의 경우, 즉 이중골조시스템의 일부가 아닌 경우 설계 횡변위에 대한 변형적합성을 검토해야 하는데, 특히 포스트텐션 슬래브-기둥 접합부의 변형적합성 검토는 매우 중요하다. 슬래브-기둥 접합부의 뚫림 전단강도는 반복 비선형 거동 중 크게 저하될 수 있기 때문에 내진기준에서 정의하는 접합부 최소 전단보강근을 안전 측으로 배근함으로써 횡변위해석에 의한 변형적합성 검토를 생략할 수 있다. 이때 1.2(SW+SDL)+1.0(LL)의 중력하중에 의한 계수전단력(V_u)은 포스트텐션 슬래브의 ϕV_c보다 작아야 한다.

이중골조시스템의 슬래브-기둥의 접합부를 전단설계할 때 횡력에 의해 추가로 발생하는 불균형모멘트를 고려해야 하며, 중력하중에 대하여 설계한 후 횡력에 대한 3D 모델을 추가로 만들어야 되고, 이때 횡하중 및 횡변위에 따른 콘크리트 균열을 고려해야 한다. 이 3D 모델에서는 판 요소(plate element) 또는 보 요소(beam element)를 사용하여 포스트텐션 슬래브를 모델링하고, 보 요소를 사용할 경우 슬래브의 강성은 유효보폭 모델을 기반으로 산정한다. 일반적으로 포스트텐션 플랫플레이트의 균열을 고려한 총 유효보폭은 일반 철근콘크리트의 그것보다 약 1.5배 크다.

포스트텐션 시스템과 코어벽체로 구성된 이중골조시스템은 통상적으로 강체 다이어프램(rigid diaphragm)을 가정한다. 코어벽체와 포스트텐션 슬래브 접합부에 강체 다이어프램 거동을 위한 연결철근을 배근하고 일체로 타설하거나 코어를 먼저 시공하고 슬래브를 후에 시공하는 경우, 코어벽체와 포스트텐션 슬래브 접합부에 강체 다이어프램 거동을 위한 철근이음과 수직하중 전달을 위한 연결철물(또는 전단키)을 사용한다. 코어벽체에는 고정 정착구가 위치하지 않고 텐던을 관통시키지 않는 것이 일반적이다. 코어벽체 쪽 슬래브에 작용하는 휨모멘트와 전단력은 내부기둥에서 작용하는 휨모멘트 및 전단력에 비해 상당히 크기 때문에 이에 대한 설계는 특히 주의를 기울여야 한다.

2.5 프로그램을 활용한 포스트텐션 시스템 설계

2.5.1 기본 가정

1) 건축 포스트텐션 설계 프로그램

건축 포스트텐션 시스템은 특정 곡률을 가지는 텐던의 긴장력과 이에 의한 2차모멘트를 구현해야 하기 때문에 일반 RC 바닥 설계 프로그램에 비해 복잡한 알고리즘을 가진다. 현재 국내 프로그램 중에서는 포스트텐션 슬래브 설계를 지원하는 것이 없기 때문에 아직까지는 해외 프로그램을 사용하는 것이 일반적이다. 현재 미국에서 널리 사용되고 있는 대표적인 포스트텐션 설계 프로그램들이 그림 2.4에 나타나 있다. 그 밖에 S社의 PT Data+와 같이 정확도는 우수하나 그래픽이나 출력 면에서 다소 상업성이 떨어지는 프로그램도 있다. 이들 중 미국 A社의 ADAPT-Builder는 국내에서도 대부분의 건축 포스트텐션 시스템 설계에 사용되고 있다. 최근 미국 A社는 횡력에 대한 3D 해석이 가능한 ADAPT-Edge를 출시하였다. 일부 업체에서는 자체적으로 제작한 프로그램을 사용하기도 하지만, 2.5절에서는 보편적으로 사용되는 프로그램인 ADAPT-Builder를 통해 실무에서 이루어지는 전반적인 설계과정에 대해 살펴본다.

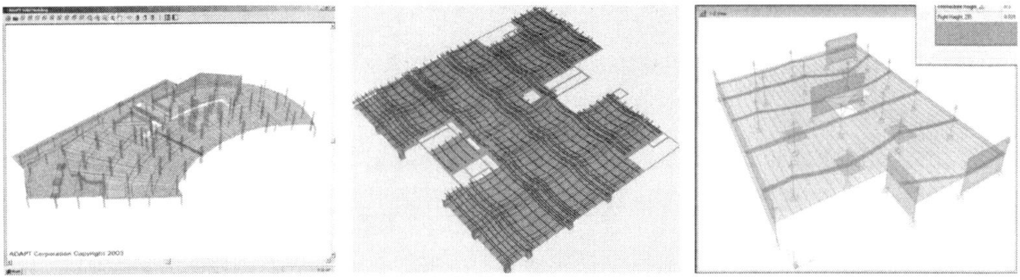

(a) ADAPT-Builder 2010 (A社 프로그램) (b) RAM Concept V8i (B社 프로그램) (c) SAFE V12 (C社 프로그램)

그림 2.4 **건축 포스트텐션 설계 프로그램**

2) 대상 평면

설계 예제로는 최근 관심이 증가하고 있는 포스트텐션 사무용 건물을 대상으로 한다. 그림 2.5는 가상의 기준층 구조 평면으로 1개의 코어와 외주 기둥을 가진다. 기본 모듈은 12m×10m이며 층고 제한에 의해 12m 방향으로는 보를 설치할 수 없는 상황이다.

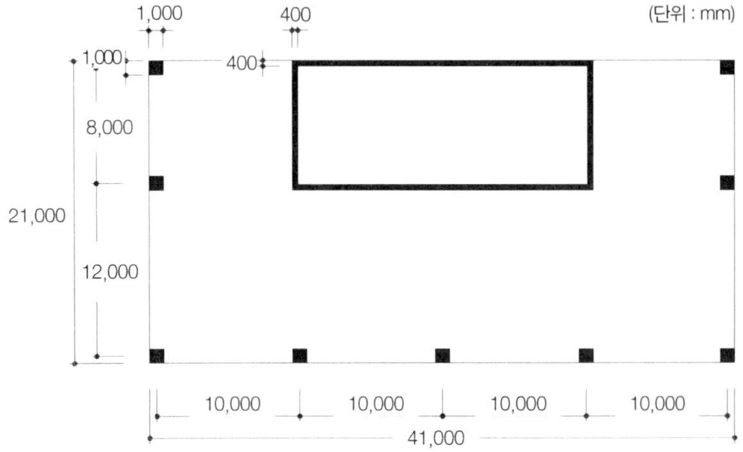

그림 2.5 **설계대상 평면**

2.5.2 프로그램을 활용한 구조설계

1) 캐드 파일 불러들이기

ADAPT-Builder(2010)는 캐드 파일과 호환이 되기 때문에 이를 불러들여 모델링을 수행한다(그림 2.6). 이때 축척과 원점을 설정하게 되며 축척은 m 단위로 특정점 사이의 거리를 입력하면 된다. 불러들이기가 종료된 화면은 그림 2.7과 같다.

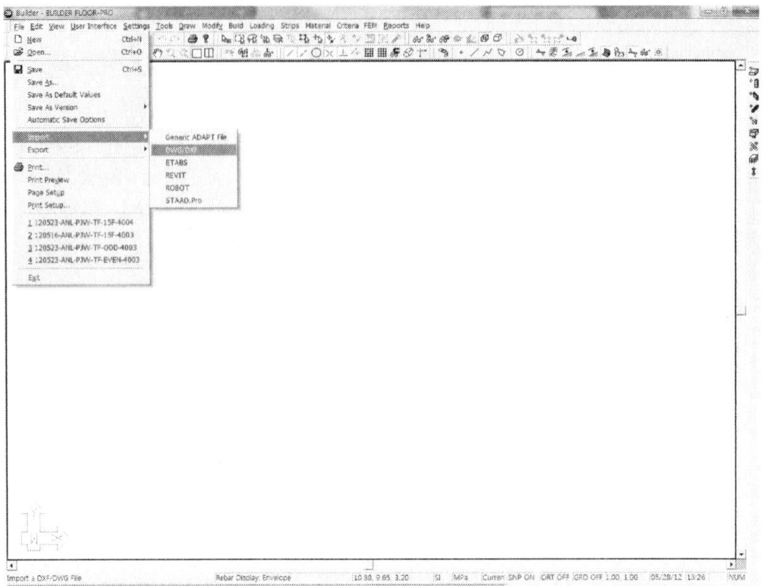

그림 2.6 **캐드 파일 불러들이기**

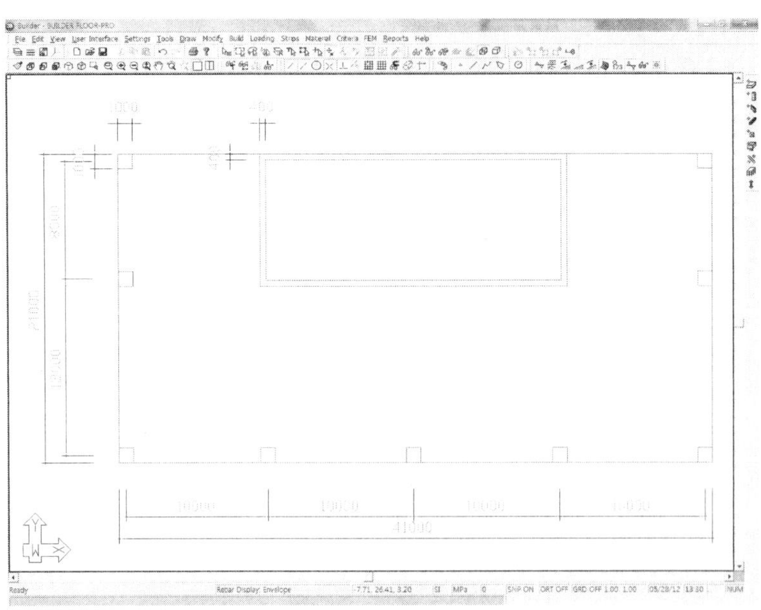

그림 2.7 **캐드 파일 불러들이기 완료**

2) 설계 일반 사항 설정

상위 메뉴 중 'Criteria'를 선택하면 설계기준, 허용응력, 피복, 받침점조건 등 해석 및 설계에 관한 기본 사항을 설정할 수 있다(그림 2.8). 그리고 'Material'에서는 콘크리트, 철근, 강연선에 대한 재료 물성값을 입력할 수 있다. 콘크리트 탄성계수의 경우 국내 기준과 ACI에 차이가 있기 때문에 설계자가 적절한 값을 입력하도록 한다.

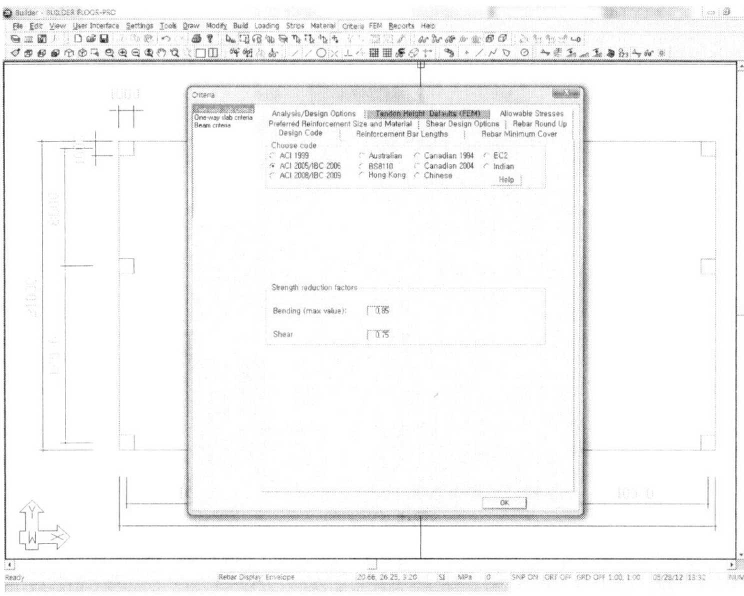

그림 2.8 **Criteria 설정**

3) 하중조합 설정

그림 2.9에 표시된 메뉴를 선택하면 그림 2.10과 같은 화면에서 하중조합을 설정할 수 있다. 앞선 과정에서 정한 설계기준에 따라 기본 하중조합이 결정되며 설계자가 원하는 하중조합을 추가, 수정, 삭제할 수 있다. 장기처짐에 대한 하중조합 역시 설정 가능하다.

4) 구조체 형상 모델링

구조체 형상 모델링은 그림 2.11의 메뉴를 통해 이루어진다. 선을 따라 직접 형상을 그리거나 또는 캐드에서 폴리라인으로 형성된 형상 자체를 구조요소로 변경하는 방법 등이 있다. 이 예제에서는 자세한 모델링 방법은 생략하므로 프로그램 매뉴얼을 참고하기 바란다.

내부보가 없는 평면으로 계획하였기 때문에 그림 2.12와 같이 테두리보와 슬래브로 모델링을 수행하였다. 슬래브 단부 강성을 낮게 보고 휨 및 처짐에 대한 안전성을 높이기 위해 코어 내부는 오프닝으로 모델링하였다.

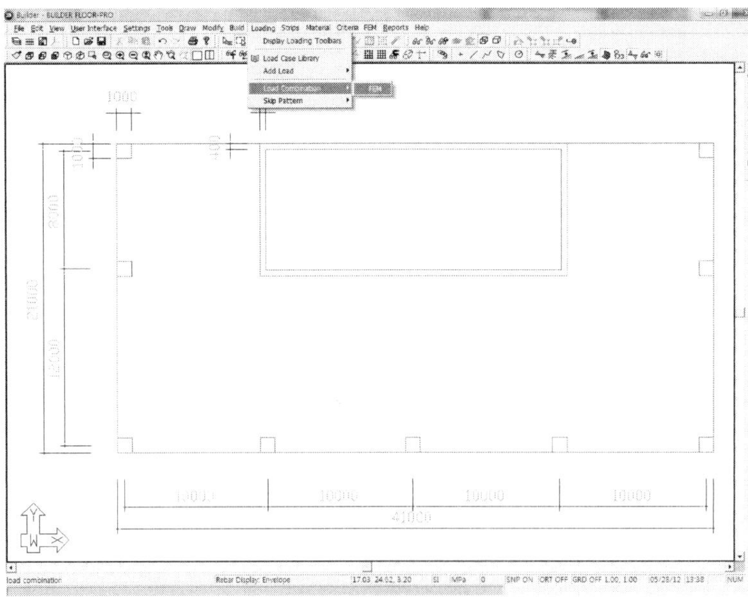

그림 2.9 **하중조합 메뉴**

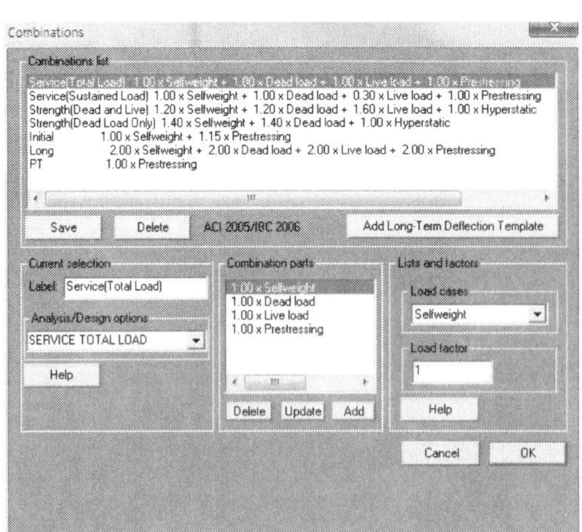

그림 2.10 **하중조합**

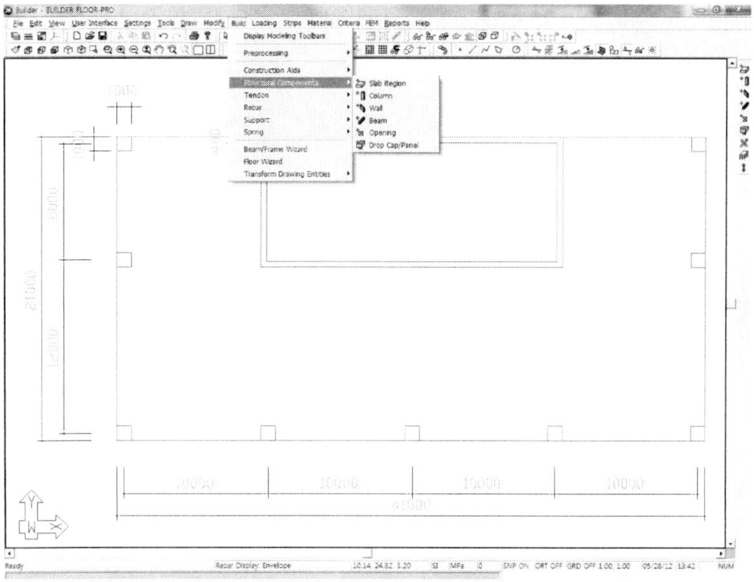

그림 2.11 **구조체 형상 모델링**

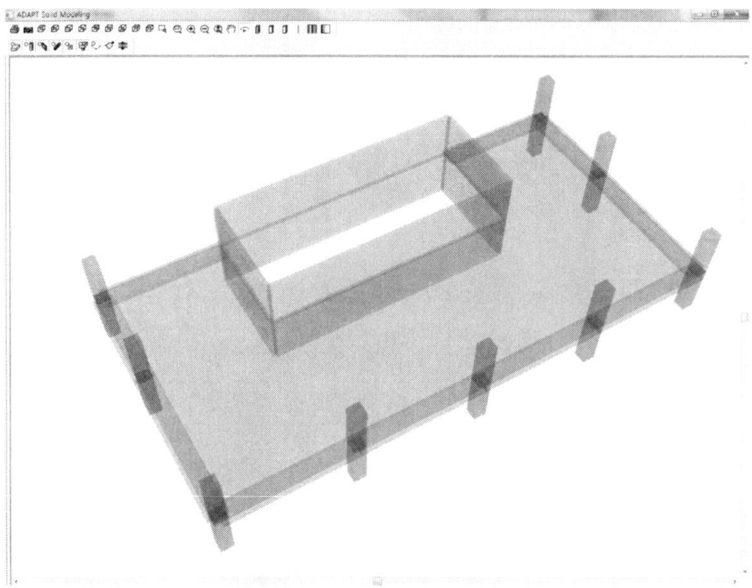

그림 2.12 **구조체 형상 모델 완료**

5) 하중 재하

앞서 가정한 설계하중을 모델링한다(그림 2.13과 2.14). 하중을 입력할 때 하중 재하점을 하나씩 선택하여 재하 범위를 설정할 수도 있고 요소 전체를 선택하여 해당

요소 전체에 동일한 하중을 입력하는 것도 가능하다. 따라서 점, 선, 면하중 및 수평 하중의 입력이 가능하다.

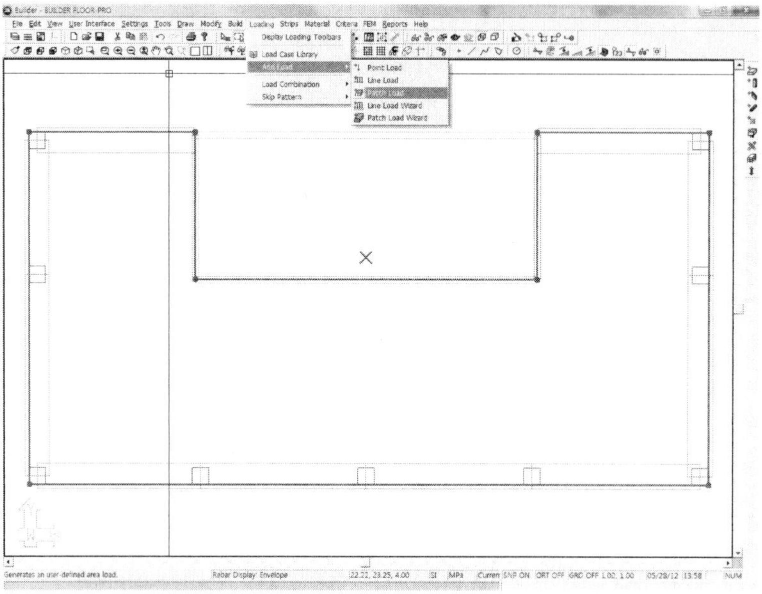

그림 2.13 **바닥하중 입력**

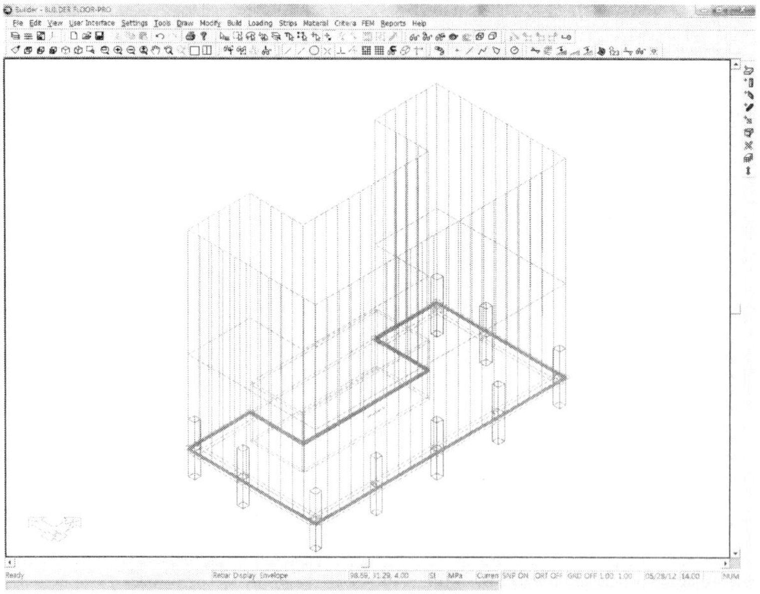

그림 2.14 **하중 재하 완료**

6) 텐던 모델링

텐던은 그림 2.15의 메뉴를 통해 고점 위치를 지정함으로써 원하는 위치에 자유롭게 배치할 수 있다. 특정 텐던을 선택한 후 더블 클릭하면 그림 2.16과 같은 해당 텐던의 정보 창이 나타나게 된다. 여기에서는 해당 텐던의 직경, 단면적, 긴장력, 장기손실, 곡률, 마찰계수 등을 설정할 수 있다. 각 텐던은 다른 구조요소와 마찬가지로 복사 및 이동이 자유롭다. 텐던 초기 배치안은 그림 2.17과 같다.

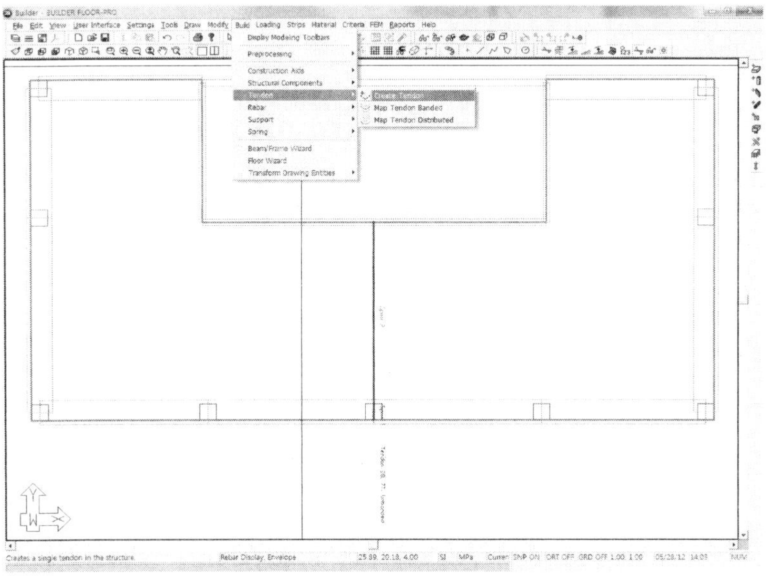

그림 2.15 **텐던 모델링 메뉴**

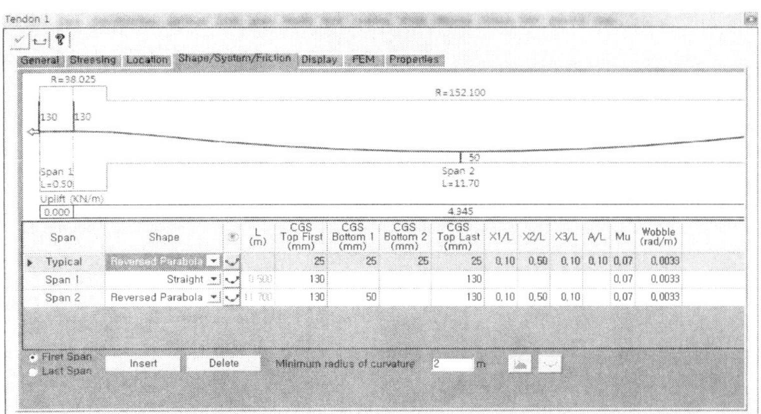

그림 2.16 **텐던 관련 정보**

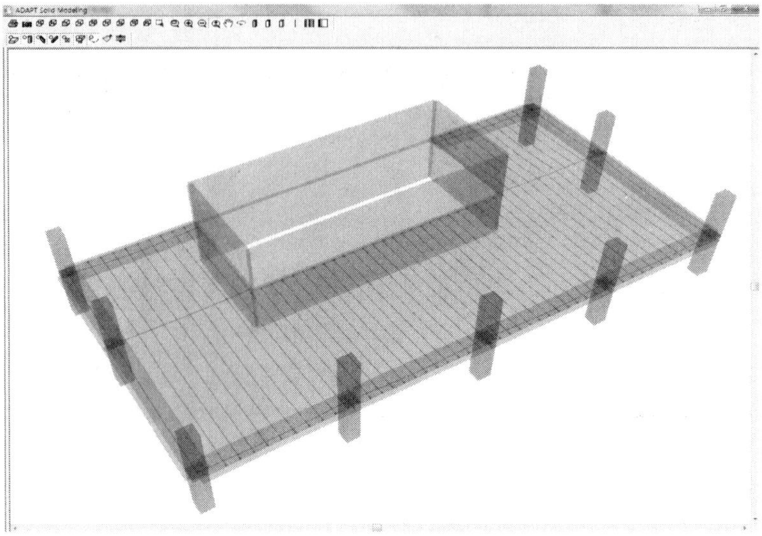

그림 2.17 **텐던 모델링 완료**

7) Support Line 작성

ADAPT-Builder는 SAFE와 마찬가지로 유한요소해석 결과를 바탕으로 design strip에 따른 설계를 수행한다. Design strip을 설정하는 기준이 support line이 되며 X, Y 양 방향 존재한다(그림 2.18). 같은 방향의 support line은 교차될 수 없으며 support line

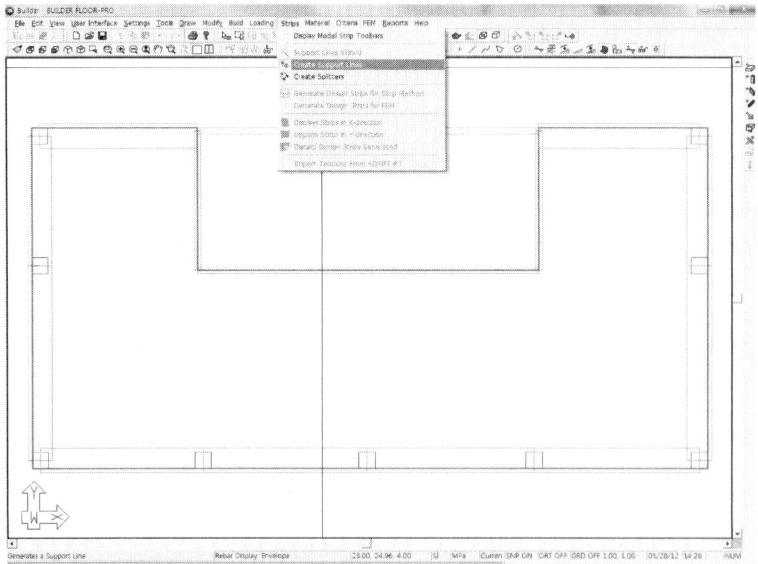

그림 2.18 **Support line 입력 메뉴**

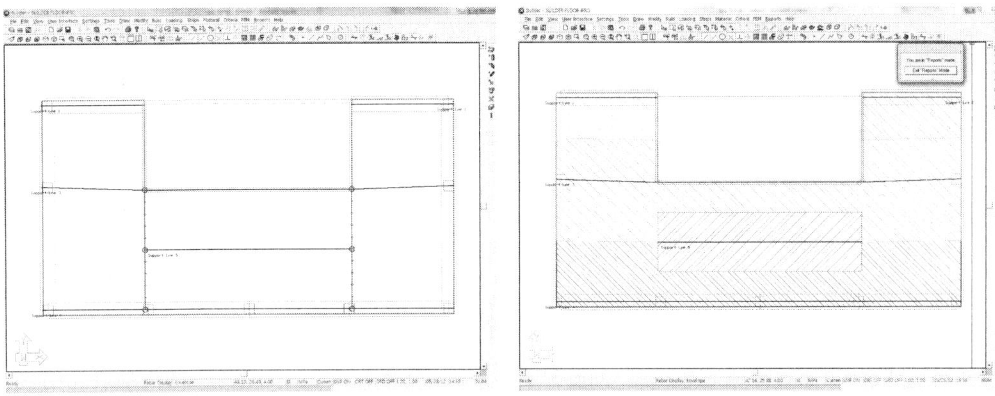

(a) Support line　　　(b) Design strip

그림 2.19 Support line과 Design strip (X방향)

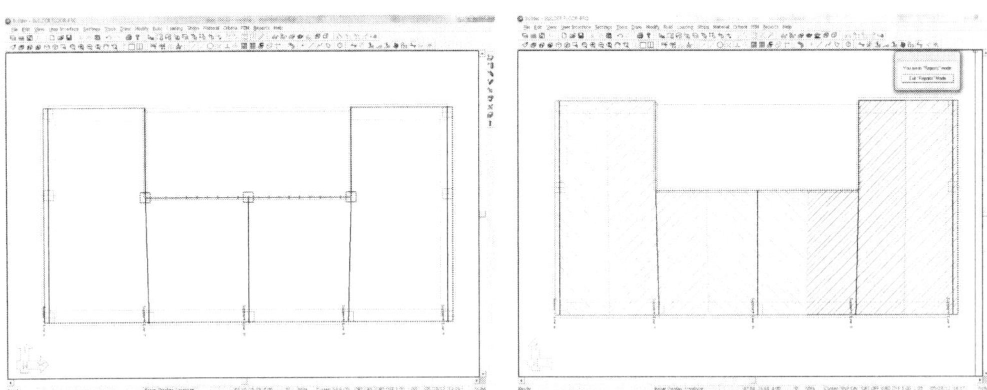

(a) Support lIne　　　(b) Design strip

그림 2.20 Support line과 Design strip (Y방향)

사이 간격의 1/2이 design strip의 폭이 된다. Design strip의 폭은 프로그램에서 자동으로 산정한다(그림 2.19와 2.20). 포스트텐션 시스템은 중간대(middle strip)의 개념이 없기 때문에 일반적으로 support line은 기둥, 벽체 등 지점 간을 연결하는 선이 된다.

8) Mesh 생성 및 유한요소해석

유한요소해석을 위한 mesh 생성은 그림 2.21의 메뉴를 통해 이루어지며 설계자가 적절한 mesh 크기를 설정할 수 있다. Mesh 생성 후 그림 2.22의 메뉴를 사용하여 해석을 수행한다.

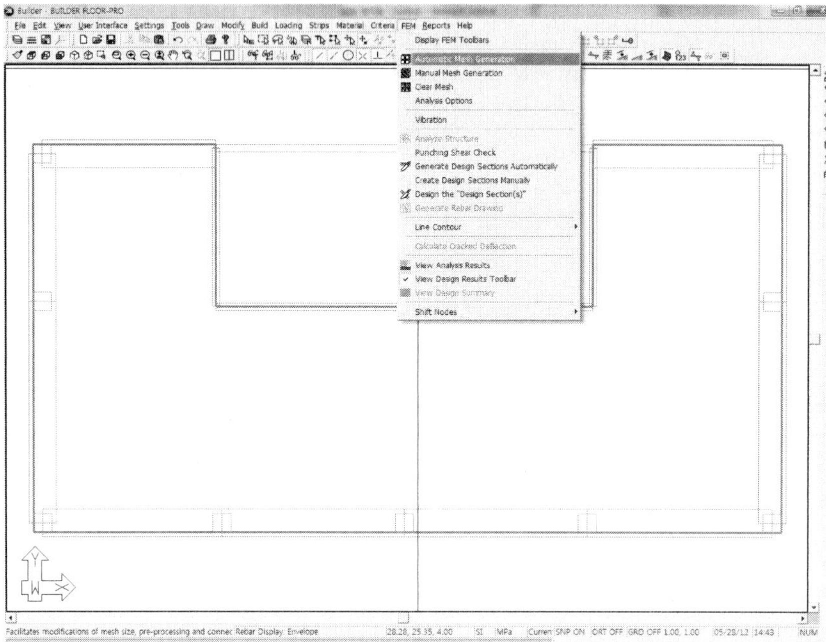

그림 2.21 **자동 mesh 생성**

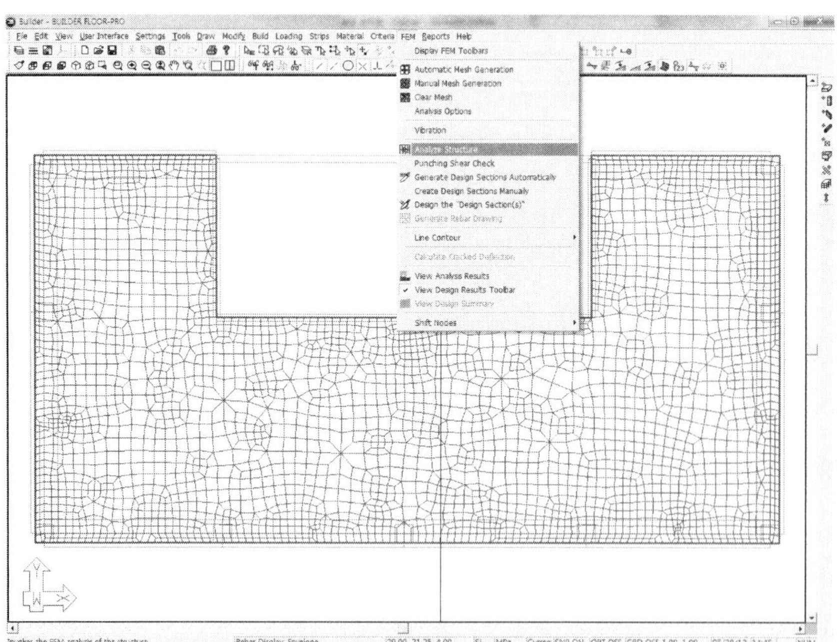

그림 2.22 **유한요소해석 수행**

9) 유한요소해석 결과 확인

유한요소해석 결과는 'FEM-View Analysis Results'를 통해 확인할 수 있다. 여기에서는 하중조합별 처짐, 요소별 응력 등을 확인할 수 있다(그림 2.23). 장기처짐 등을 만족시키기 위해 텐던 정보를 수정한 경우 재해석을 수행한다.

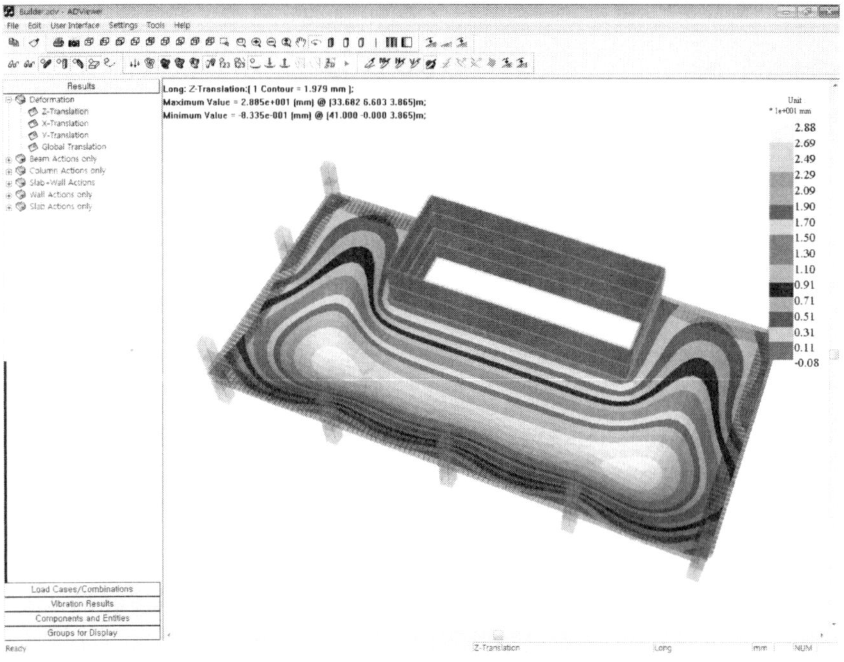

그림 2.23 **유한요소해석 결과 확인**

10) Design strip 설계

유한요소해석이 완료된 후 앞서 설정된 design strip 설계를 수행한다(그림 2.24). 이때 각 design strip은 2방향 슬래브, 1방향 슬래브, 보로 설계기준을 설정할 수 있으며 설정된 기준에 따라 각기 다른 설계 요구조건이 결정된다.

Design strip 설계결과는 그림 2.25와 같이 나타나며 녹색 실선은 해당 design strip에 설정된 콘크리트 허용응력을 만족하는 구간이고 적색 점선은 허용응력을 초과하는 구간이다. 각 design strip(support line)의 설계결과는 해당 design strip을 더블 클릭하여 나타나는 메뉴의 summary 버튼() 또는 'FEM-Summary Result'에서 확인할 수 있

다(그림 2.26). 그림 2.26에서 발생하는 응력은 녹색음영이며 회색음영은 허용응력 구간이고 회색음영을 벗어난 부분은 허용응력을 초과하는 부분이다.

설계결과를 바탕으로 모델링이 수정된 경우 재해석한 후 설계를 다시 수행한다. 만약 부분균열등급으로 설계를 수행할 경우 design strip 설계 후 'FEM-Calculate Cracked Deflection' 기능을 사용하여 균열단면에 대한 처짐을 확인하도록 한다.

11) 설계결과 확인

메뉴 중 'Reports'에서는 모델링, 해석, 설계결과 등에 관한 정보를 텍스트 또는 그래픽 형식으로 정리해서 보여준다.

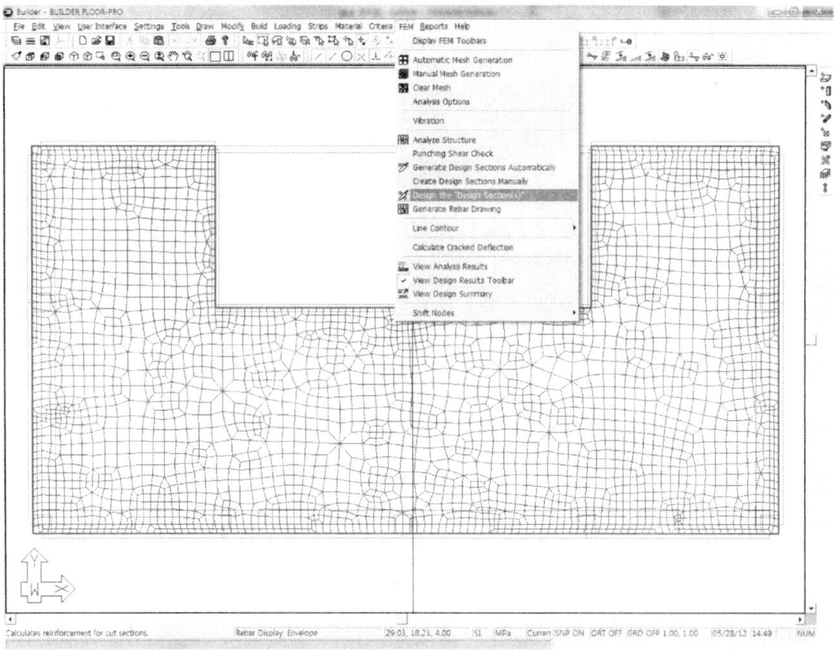

그림 2.24 Design strip 설계

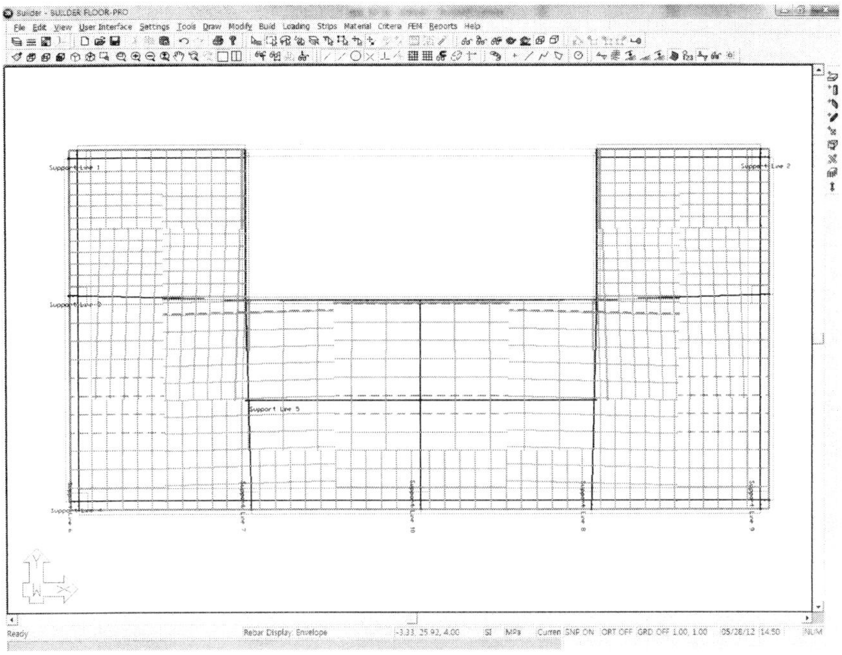

그림 2.25 Design strip 설계결과

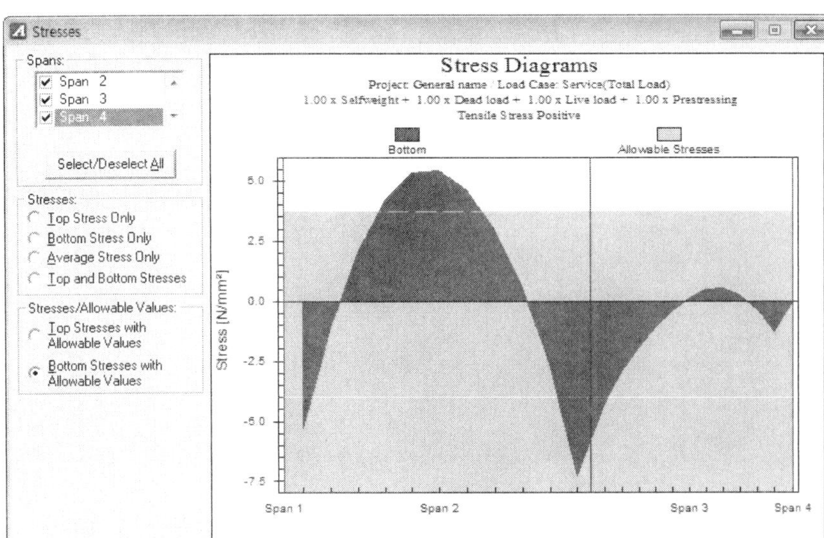

그림 2.26 Design strip 발생응력 및 허용응력

제 3 장 건축 포스트텐션용 자재, 장비 및 사용기준

3.1 건축 포스트텐션용 자재 및 사용기준

3.1.1 일반 사항

이 절에서는 포스트텐션 공사를 위해 사용되는 자재를 설명한다. 포스트텐션용 자재로는 텐던을 형성하는 프리스트레싱 강재인 PS 강선, PS 강연선 및 PS 강봉, 텐던의 힘을 콘크리트로 전달하는 정착장치 및 지압판, 부착식 텐던의 그라우팅용 덕트에 대해 상세히 설명한다. 여기서, 텐던은 프리스트레싱 강재, 피복, 정착장치 등을 함께 일컫는다.

3.1.2 프리스트레싱 텐션

1) PS 강선 및 PS 강연선

PS 강선 및 PS 강연선의 종류는 KS D 7002 : 2011(PC 강선 및 PC 강연선)에 분류되어 있으며 PS 강선은 6종류, PS 강연선에는 12종류가 있다. PS 강선과 PS 강연선을 정리하면 표 3.1과 같다. 표 3.1의 제품 종류 중 A종은 인장강도 1,720N/mm^{2}급, B종은 1,860N/mm^{2}급, C종은 2,160N/mm^{2}급, D종은 2,400N/mm^{2}급을 나타낸다.

표 3.1 **PS 강선 및 PS 강연선의 종류 및 기호**

종류			기호	단면
PS 강선	원형선	A종	SWPC1AN, SWPC1AL	
		B종	SWPC1BN, SWPC1BL	
	이형선		SWPD1N, SWPD1L	
PS 강연선	2연선		SWPC2N, SWPC2L	
	이형 3연선		SWPD3N, SWPD3l	
	7연선	A종	SWPC7AN, SWPC7AL	
		B종	SWPC7BN, SWPC7BL	
		C종	SWPC7CL	
		D종	SWPC7DL	
	19연선		SWPC19N, SWPC19L	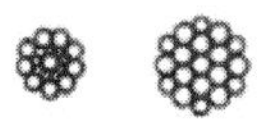

* KS와 달리 KCI에서는 PS 강선 및 PS 강연선으로 용어 통일.

7연선 PS 강연선은 건축구조물의 포스트텐션 공사에 가장 많이 사용되는 있는 프리스트레싱 강재이다. 7연선 PS 강연선(그림 3.1)은 중앙에 있는 1가닥의 소선을 중심으로 외측에 6가닥의 소선이 꼬여 있는 형상으로 만들어진다.

(a) PS 강연선 (b) PS 강연선의 단면

그림 3.1 **PS 강연선**

국내 포스트텐셔닝 시스템 제조사들은 인장강도가 1,860kN/mm^{2}인 PS 강연선에 상응하는 정착장치만 보유하고 있기 때문에 1,860kN/mm^2 이상 인장강도의 PS 강연선을 사용하고자 할 때는 포스트텐션 전문업체에 고강도 강연선 적용 가능 여부를 확인한다.

PS 강연선은 릴랙세이션값에 따라 보통 강연선은 N, 낮은 강연선은 L의 기호를 끝에 붙인다. 최근에 생산되는 PS 강연선은 저릴랙세이션 제품이며, 인장강도의 70% 상태에서 1,000시간이 지난 후 2.5% 이하의 손실을 만족하거나 인장강도의 80% 상태에서 동일한 시간이 경과된 후 3.5% 이하의 손실만 발생하는 제품이다.

PS 강선 및 PS 강연선의 종별 호칭은 표 3.2와 같지만 표의 호칭 중 (   )를 붙인 호칭의 강선 또는 강연선은 사용하지 않는 것이 좋다. 또한 국내에 포스트텐셔닝 시스템 제조사들이 12.7mm와 15.2mm PS 강연선용 정착장치만 보유하고 있으므로 가용할 수 있는 규격을 업체에 문의하여 사용하는 것이 정착장치의 수급에 차질이 없을 것이다.

표 3.2 **PS 강선 및 PS 강연선의 종별 호칭**

기호	호칭
SWPC1AN SWPC1AL SWPC1BN SWPC1BL SWPD1N SWPD1L	(2.9mm) (3.5mm) (4mm) (4.5mm) 5mm (6mm) 7mm 8mm 9mm
SWPC2N SWPC2L	2.9mm 2연선
SWPC3N SWPC3L	2.9mm 3연선
SWPC7AN SWPC7AL	(7연선 6.2mm) (7연선 7.9mm) 7연선 9.3mm 7연선 10.8mm 7연선 12.4mm 7연선 15.2mm
SWPC7BN SWPC7BL	7연선 9.5mm 7연선 11.1mm 7연선 12.7mm 7연선 15.2mm
SWPC7CL	7연선 12.7mm 7연선 15.2mm
SWPC7DL	7연선 12.7mm 7연선 15.2mm

표 3.3은 PS 강선 및 PS 강연선의 기계적 성질(인장강도, 연신율, 릴랙세이션), 호칭별 치수 및 허용오차, 공칭단면적, 단위무게 및 각종 시험방법은 KS D 7002 : 2011(PC 강선 및 PC 강연선)을 보여주고 있다.

표 3.3 **PS 강선 및 PS 강연선의 치수 및 허용값**

종류			기호	호칭명	공칭단면적 (mm^2)	단위무게 (kgf/km)	인장강도 (kN)	0.2% 영구 연신율에 대한 하중 (kN)
PS 강선	원형선 및 이형선		SWPC1 및 SWPD1	5mm	19.64	154	31.9 이상	27.9 이상
				7mm	38.48	302	58.3 이상	51.0 이상
				8mm	50.27	395	74.0 이상	64.2 이상
				9mm	63.62	499	90.2 이상	78.0 이상
PS 강연선	2연선		SWPC2	2.9mm 2연선	13.21	104	25.5 이상	22.6 이상
	이형 3연선		SWPD3	2.9mm 3연선	19.82	156	38.2 이상	33.8 이상
	7연선	A종	SWPC 7A	7연선 9.3mm	51.61	405	88.8 이상	75.5 이상
				7연선 10.8mm	69.68	546	120 이상	102 이상
				7연선 12.4mm	92.9	729	160 이상	136 이상
				7연선 15.2mm	138.7	1101	240 이상	204 이상
		B종	SWPC 7B	7연선 9.5mm	54.84	432	102 이상	86.8 이상
				7연선 11.1mm	74.19	580	138 이상	118 이상
				7연선 12.7mm	98.71	774	183 이상	156 이상
				7연선 15.2mm	138.7	1101	261 이상	222 이상
	19연선		SWPC 19	19연선 17.8mm	208.4	1652	387 이상	330 이상
				19연선 19.3mm	243.7	1931	451 이상	387 이상
				19연선 20.3mm	270.9	2149	495 이상	422 이상
				19연선 21.8mm	312.9	2482	573 이상	495 이상
				19연선 28.6mm	532.4	4229	949 이상	807 이상

금속이나 플라스틱 재질의 덕트 속에 PS 강연선을 배치하고 강연선을 긴장한 후 그라우트를 채우는 부착식 텐던은 도금, 플라스틱 피복 및 에폭시 코팅 등이 없는 일반 PS 강연선을 사용한다.

2) 플라스틱 피복이 있는 PS 강연선

플라스틱 피복에 감싸져 있는 PS 강연선은 3.1.2절에 나타나 있는 PS 강연선의 규격을 따른다. PS 강연선은 고밀도 플라스틱(HDPE 또는 HDPP) 피복 속에 있고 피복과 강연선 사이에는 그리스가 충전되어 있다. 피복은 PS 강연선의 부식을 방지하고 피복 속에 충전된 그리스는 강연선의 부식을 방지함과 동시에 긴장할 때 플라스틱 피복과 강연선 사이의 마찰을 줄여준다.

플라스틱 피복이 있는 PS 강연선은 비부착식 텐던에 사용되는 자재이며 설치 또한 개구부를 피해 자유롭게 텐던을 배치할 수 있고 그라우팅 공정이 필요 없는 특징이 있다.

(1) 플라스틱 피복

피복이 있는 PS 강연선을 제조하는 방법으로 다음 3가지 방법이 있다.

첫 번째 방법으로, 그리스가 도포된 PS 강연선을 플라스틱 피복 속으로 삽입하는 방법인데(그림 3.2(a)), 강연선을 피복 속으로 삽입하는 과정에서 피복 속으로 많은 공기가 들어가거나 보관, 운반 및 설치과정 중 물이 침투될 수 있다.

두 번째 방법으로, 두께가 0.5~1.0mm인 플라스틱판을 말아서 그리스가 도포된 강연선을 에워싸고 열을 가하여 접합하는 방법인데(그림 3.2(b)), 접합된 부위 때문에 제작하는 크기보다 약간 큰 직경의 제품이 만들어진다. 말아서 접합하는 과정 동안 공기가 포함되며 제품을 운반하거나 설치하는 동안 접합된 부위가 벌어질 수 있으므로 주의해야 한다.

마지막으로 PS 강연선을 압출하면서 그리스를 도포하고 도포된 PS 강연선에 플라스틱을 성형하여 제작하는 방법이다(그림 3.2(c)). 이 방법은 1970년대 초반부터 사용된 방법으로 플라스틱 피복 속으로 삽입하거나 열로 접합하는 방법이 내재한 문제를 최소화할 수 있다.

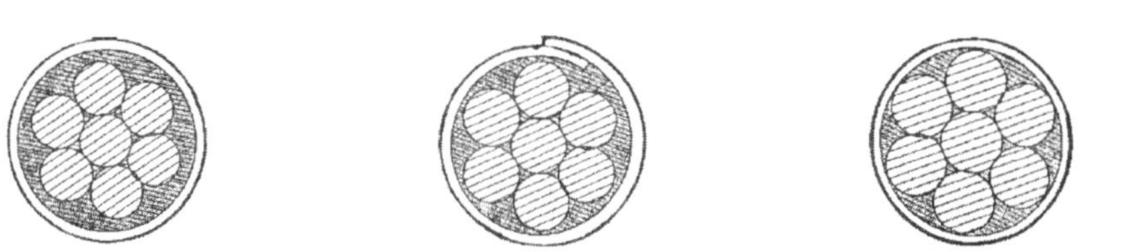

(a) 피복 속 삽입 (b) 열 접합 (c) 압출 성형

그림 3.2 **PS 강연선의 피복**

강연선 표면을 감싸고 있는 피복인 고밀도 플라스틱재에 대한 국내 규정은 없으나, 미국 PTI(Post-Tensioning Institute)에서 요구하는 규격(PTI Guide Specification / Specification for Unbonded Single Strand Tendons / 2.3 Sheathing, 2000)을 참조하면 다음과 같다. 피복재로 사용하는 PE(폴리에틸렌) 또는 PP(폴리프로필렌)의 두께는 최소 1.25mm 이상, 밀도는 최소 94kg/m^{3}이어야 한다. 피복의 내경은 사용되는 PS 강연선 직경보다 0.75mm 이상이어야 한다. 우리나라 업체도 이 규격에 따라 생산하고 있다.

(2) 그리스

PS 강연선의 부식을 방지하기 위해 고밀도 플라스틱 피복과 강연선 사이에 그리스를 충전한다. 플라스틱 피복의 제작방법 중 압출 성형하는 방법에서 설명한 것처럼, PS 강연선을 압출하고 플라스틱 피복을 성형하기 전에 PS 강연선에 그리스를 미리 도포한다.

이때 사용되는 그리스의 규격에 대한 국내 규정은 없으나, 미국 PTI(PTI Guide Specification / Specification for Unbonded Single Strand Tendons / 2.4 P-T Coating, 2000)에는 표 3.4의 규격을 사용하도록 하고 있다. NLGI(National Lubricating Grease Institute)에서 제시하는 등급은 그리스의 점도를 나타내는 값으로, 숫자가 낮은 등급(000,00,0)은 유체에 가까운 점도(445~385)로 기계류의 윤활제로 사용되며, 중간 등급(1, 2, 3, 4)은 일반적인 점도(310~175)로 베어링 등의 윤활제로 사용되고, 높은 등급(5, 6)은 점도(130~85)가 높고 딱딱하여 사용이 제한되어 있지만 실링 그리스나 블록 그리스로 사용된다.

표 3.4 **PTI에서 제시하는 그리스 특성**

구분	기준
등급	NLGI 2
점도(ASTM D 217)	265~295
점도 성분	리튬
색상	짙은 호박색
조직	약간 끈적임

주) ① NLGI 등급은 000, 00, 0, 1, 2, 3, 4, 5, 6으로 분류된다.
② 점도 = Consistency
③ 점도는 KS M ISO 2137 : 2003, ASTM D 217에 의해 시험하고 단위는 mm/10으로 사용됨

플라스틱 피복이 있는 PS 강연선에 사용되는 그리스에 대한 국내 규정이 없기 때문에 PTI에서 제시하는 기준에 부합되는 제품을 사용하도록 한다. 국내 제강업체에서 플라스틱 피복이 있는 PS 강연선을 제조할 때 사용하는 그리스는 일반적인 산업용 윤활제로 사용되는 리튬비누기 제품인 S社의 Gadus S1 V220 2인데 NLGI 2등급을 만족하고 있다. 이전에 사용되던 Multi-service Grease E2는 Multi-service Grease EP2로 명칭을 변경하였으며, 근래에 다시 Gadus S1 V220 2로 명칭이 변경된 것을 확인하였다.

3) PS 강봉

PS 강봉의 종류는 KS D 3505 : 2002(PC 강봉)에 분류되어 있는데, 7종류이며 그 기호는 표 3.5에서 보는 바와 같다. 기호의 숫자 중 좌측 값은 0.2% 옵셋 항복강도(N/mm^2)이고 우측 값은 인장강도(N/mm^2)이다.

표 3.5 **PS 강봉의 종류**

종류			기호
원형 강봉	A종	2호	SBPR 785/1030
	B종	1호	SBPR 930/1080
		2호	SBPR 930/1180
	C종	1호	SBPR 1080/1230
이형 강봉	B종	1호	SBPD 930/1080
	C종	1호	SBPD 1080/1230
	D종	1호	SBPD 1275/1420

PS 강봉은 고강도 강재의 봉이며 항복강도가 인장강도의 80%를 넘지 않게 긴장해야 한다. 강봉은 킬드강을 열간 압연하고, 그 후 스트레칭, 드로잉, 열처리 중 하나의 방법 또는 이들의 조합에 의해 제조된다.

PS 강봉에는 원형 및 이형 강봉이 있다(그림 3.3). 원형 강봉은 정착용 너트를 체결할 부위를 제외한 모든 부분이 평활한 표면을 가진 제품이다. 이형 강봉은 거의 둥근 단면을 가지며, 또 일정한 돌기 요철을 갖도록 제조한 것인데 이형 철근과 유사한 형상이다.

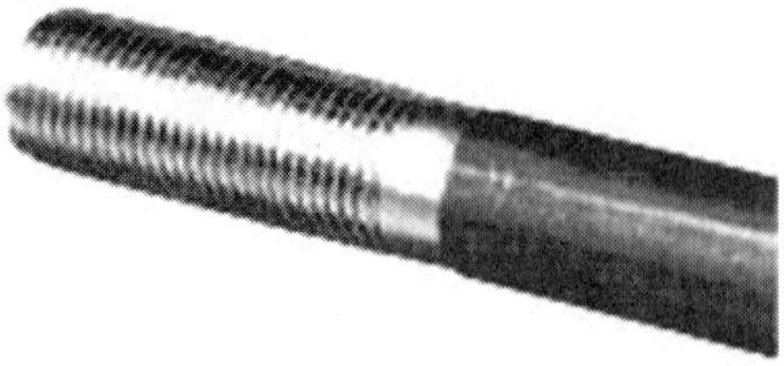

(a) 원형 PS 강봉

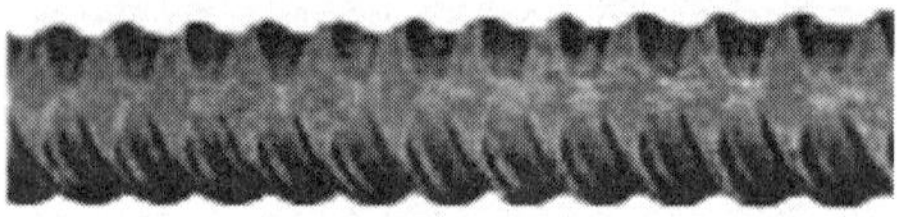

(b) 이형 PS 강봉

그림 3.3 **PS 강봉**

KS규격에 의한 강봉의 호칭은 표 3.6과 같고, 이외의 규격은 PS 강봉 제조사별로 보유한 규격과 인장강도가 다양하므로 PS 강봉 제조사 제품의 규격에 따르도록 한다. 이때 표의 ( )를 붙인 호칭의 강봉은 일반적이지 않으므로 사용하지 않는 것이 좋다.

표 3.6 **PS 강봉의 호칭**

종류	호칭
원형 강봉	9.2mm 11mm 13mm (15mm) 17mm (19mm) (21mm) 23mm 26mm (29mm) 32mm 36mm 40mm
이형 강봉	7.4mm 9.2mm 11mm 13mm

강봉의 힘을 콘크리트로 전달하는 지압판, 지압판과 강봉을 고정시키는 너트(그림 3.4(a)) 및 강봉을 연결할 때 사용하는 커플러(그림 3.4(b))는 PS 강봉 제조사마다 그 규격이 다르므로 업체에 문의하도록 한다. PS 강봉의 표준지름, 허용오차 및 공칭단면적, 시편의 시험 방법 및 검사는 KS D 3505 : 2002(PC 강봉)을 참조한다.

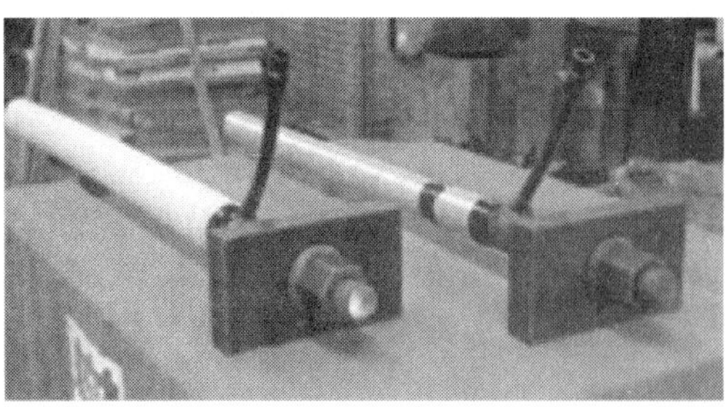

(a) PS 강봉 및 너트

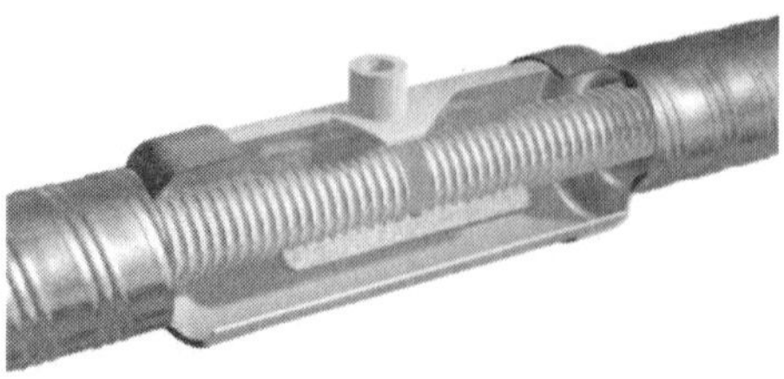

(b) PS 강봉용 커플러

그림 3.4 **너트와 커플러**

3.1.3 지압판

콘크리트로 텐던의 힘을 전달하기 위한 장치로 금속의 지압판을 사용하기도 한다. 지압판의 종류에는 기본형과 특수형 두 가지 종류가 있다. 기본형 지압판은 비부착식 단일 텐던이나 PS 강봉 사용할 때 사용된다. 특수형 지압판은 부착식 텐던인 다수의 PS 강연선의 경우에 주로 사용된다. 특수형의 경우는 포스트텐션 시스템 제조사마다 보유한 규격이 다르고 기본형에 비해 조금 크고 복잡하며 단가가 높다. 대부분의 제조사가 특수형 지압판을 판매하며 특별히 고안된 형태를 갖는 다중의 지압면으로 구성된 주물 제품이다. 특수형의 경우 콘크리트에 아주 높은 국소적인 지압응력을 발생시키므로 높은 응력이 발생되는 콘크리트 부분에 나선형이나 나선형에 상응하는 구속력을 발휘할 수 있는 형태의 철근의 보강이 필요하다.

설계에서 요구하는 조건에 부합되는 기본형 지압판이 없을 경우에는 PTI의 기본형 지압판 설계조건(PTI Acceptance Standards for Post-Tensioning System / 3.1 Basic Bearing Plates Design Criteria, 1998)을 만족하도록 제작할 수 있다. PTI 문헌에서 요구하는 설계기준을 만족하면 별도의 시험을 하지 않아도 된다.

지압판의 영향을 받는 국소구역부분에 대한 보강 방법은 설계도면에 별도로 표시되지 않을 수도 있지만 포스트텐셔닝 시스템 제조사는 국소구역 보강 방법을 제시해야 한다. 많은 PS 강연선이 설치된 텐던을 긴장할 때 지압판의 거동은 해석적인 방법에 의해 쉽게 확인할 수 없으므로 시험을 통해 국소구역 보강 방법의 적정함을 증명해야 한다.

3.1.4 쐐기 (웨지, wedge, jaw)

1) 종류

쐐기의 제작기준은 없으나, 시공할 때 사용되는 쐐기의 경도 시험이나 화학적 시험 방법은 KS B 0805 : 2000(금속 재료의 브리넬 경도 시험 방법) 및 KS D 1652 : 2007(철 및 강의 스파크 방전원자 방출 분광 분석 방법)을 참조한다. 또한 쐐기는 정적 및 피로시험 동안 PS 강연선이 꺾기거나 잘려지는 현상이 발생되지 않도록 제작되어야 한다.

그림 3.5 **쐐기의 종류**

국내에서 사용하고 있는 쐐기는 크게 2조각으로 분리되어 있는 것과 3조각으로 분리되어 스프링이나 고무링으로 모아져 있는 형태 등 크게 2종류가 있으며(그림 3.5), 사용하는 강연선에 따라 그 크기가 다양하다. 또한 쐐기의 재질과 가공방법에 따라 각기 다른 특성을 지니고 있기 때문에 제조사에 그 특성을 자세히 문의한다.

2) PTI에서 규정하는 쐐기의 특성

영구적인 구조물에 사용되는 쐐기의 특성은 PTI Training and Certification of Field Personal for Unbonded Post-Tensioning Level 2(2003)에 아래와 같이 소개되어 있다. 단, 아래에 소개된 특성은 균열을 허용하는 제품에 관한 것이고, 균열발생을 허용하지 않는 쐐기의 경우 그 특성이 크게 다르다.

(a) 항복강도 면에서 강연선은 정착구보다 강하고, 쐐기는 강연선보다 강해야 한다.

(b) 쐐기의 표면은 열처리되어 있어 나사산은 강연선을 뚫고 들어갈 수 있어야 한다.

(c) 쐐기의 코어부위는 표면 및 나사산에 비해 연약하고, 잘 휘며, 연성적인 변형이 가능해야 한다. 또한 코어의 연성적인 변형에 의해 쐐기 표면에 균열이 발생해야 한다. 이러한 균열은 PTI에서 규정하는 쐐기의 특성으로서 의도된 것이다(그림 3.6).

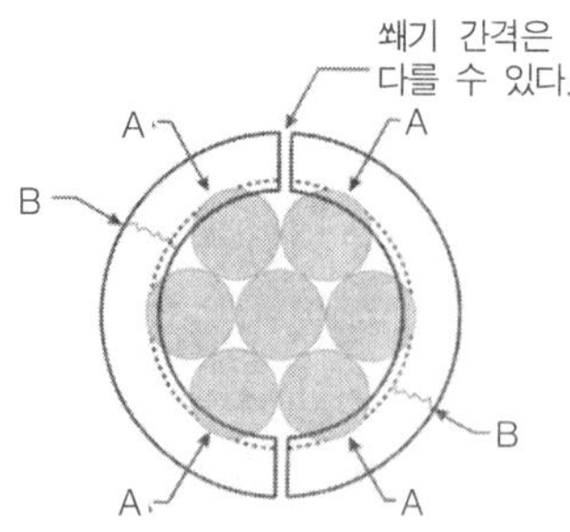

그림 3.6 **정착과정에서 발생하는 쐐기 균열**

(PTI Training and Certification of Field Personal for Unbonded Post-Tensioning Level 2)

3.1.5 부착식 PS 강연선의 정착장치

케이블 교량인 사장교의 정착장치와 같이 아주 복잡한 형상이 필요하지는 않기 때문에 건축구조물용 정착장치는 대부분 주철물로 제작된다. 주철물로 제작되는 정착구는 KS D 4302 : 2011(구상 흑연 주철품)의 규정을 따른다. KS규격에 의한 주철품의 종류 및 기호는 표 3.7과 같다. 별도 주입 공시재는 주철품과는 별개로, 원칙적으로 주철품과 동종의 주형을 사용하여 1배치(batch)마다 주철품과 동일 조건에서 주조하는 공시재이다. 본체 부착 공시재는 주철품 본체의 소정의 위치에, 원칙적으로 주철품과 동종의 주형을 부착시켜서 주조하는 공시재이다. 기호에 붙인 숫자는 인장강도(N/mm^2)를 의미하고 문자 L은 저온 충격값이 규정된 것이며 문자 A는 본체 부착 공시재에 의한 것이다. 주철품의 종류별 제조 방법, 기계적 성질, 화학적 성분 및 각종 시험방법은 KS D 4302 : 2001(구상 흑연 주철품)을 참조하고, 인장시험이나 화학적 시험 방법은 KS B 0802 : 2008(금속 재료의 인장 시험 방법) 및 KS D 1652 : 2007(철 및 강의 스파크 방전원자 방출 분광 분석 방법)을 참조한다.

표 3.7 **구상 흑연 주철품의 종류 및 기호**

별도 주입 공시재에 의한 경우	본체 부착 공시재에 의한 경우
GCD 350 - 22	GCD 400 - 18A
GCD 350 - 22L	GCD 400 - 18AL
GCD 400 - 18	GCD 400 - 15A
GCD 400 - 18L	GCD 500 - 7A
GCD 400 - 15	GCD 600 - 3A
GCD 450 - 10	
GCD 500 - 7	
GCD 600 - 3	
GCD 700 - 2	
GCD 800 - 2	

정착장치의 인장이나 화학적 시험은 생산할 때 사용한 원자재에 대한 시험을 수행하는 것이 올바른 방법이나, 생산할 때 사용한 원자재를 발취하여 시험할 수 없을 때에는 동등한 성능을 발휘하는 시편을 마련하여 시험할 수도 있다. 정착장치는 적어도

PS 강연선의 인장강도의 95%를 견딜 수 있도록 개발되는데, 이것은 텐던의 인장강도와 설계인장응력 사이에 충분한 안전율을 제공하기 위함이다. 정착장치의 설치는 정착장치 제조업체의 설치기준 및 요구조건을 충족시킬 수 있는 경험 있는 기술자가 정착장치를 설치해야 한다. 하중이 전달되는 동안 구성요소들의 동적인 상호작용이 일어난다. 정착장치의 구성요소가 서로 다른 제조업체의 것들로 조합이 될 때는 시험을 통해 구성품의 조합에 문제가 없음을 확인하고 사용해야 한다.

정착장치의 규격은 포스트텐셔닝 시스템 제조사마다 보유한 규격이 다르므로, 적용하고자 할 때 텐던으로 사용할 규격의 제품을 미리 확인해야 한다. 배치해야 하는 정착장치의 개수가 많아지면 정착장치와 콘크리트의 연단거리 부족 또는 추가로 정착장치를 배치할 수 있는 공간 부족으로 인해 부재의 치수가 변경되어야 하는 경우도 발생할 수 있다.

긴장 측은 장비를 사용하여 긴장하기 때문에 장비 접근을 위한 콘크리트 블록아웃(pocket former 또는 그에 준하는 장치 사용)이 마련되어야 한다. 또한 긴장용 장비의 접근이 가능하도록 포스트텐셔닝 시스템 제조사의 긴장용 장비규격을 확인하여 긴장을 위한 공간 및 구조물과의 간섭 등 장비의 운영에 대한 검토가 필요하다.

1) 긴장 측과 고정단 정착장치

긴장 측에는 그림 3.7에서 보는 바와 같은 형태의 정착장치를 주로 사용한다. 부착식 텐던에 사용되는 자재로 슬래브와 같이 부재 높이가 크지 않은 경우에는 납작한 정착장치를 사용하며, 주로 3~5가닥의 PS 강연선을 설치할 수 있다. 원형의 정착장치는 보와 같이 많은 텐던이 배치되어야 하는 경우에 주로 사용되며, 3~55가닥의 12.7mm 및 15.2mm의 PS 강연선을 배치할 수 있다. 사용할 수 있는 규격은 포스트텐션 시스템 제조사마다 보유한 규격이 다르므로 규격을 확인하고 제품을 선정해야 한다. 예를 들어, 17가닥의 PS 강연선을 적용하는 것으로 검토되었지만 17가닥용 정착장치가 없다면 17연선 이상인 규격의 정착장치에 17가닥의 PS 강연선만 배치하여 사용할 수 있다.

고정단도 긴장 측과 같은 장치를 사용하여 대부분 정착시키지만, 경우에 따라서는 그림 3.8처럼 PS 강연선의 끝단을 벌려 콘크리트와의 마찰력을 이용하여 고정시키기도 한다.

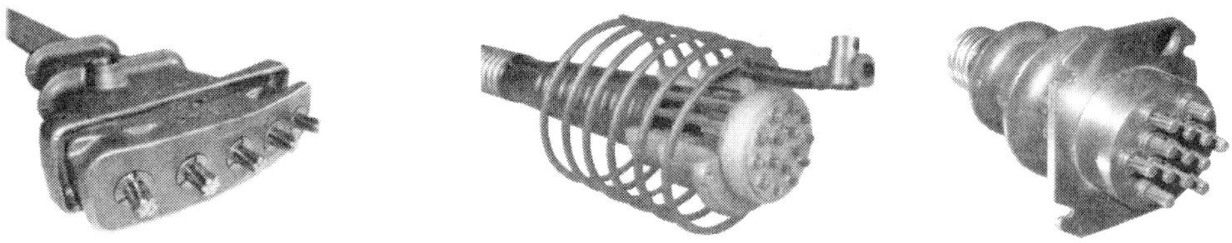

(a) 납작한 정착장치 (b) 원형 정착장치

그림 3.7 **정착장치**

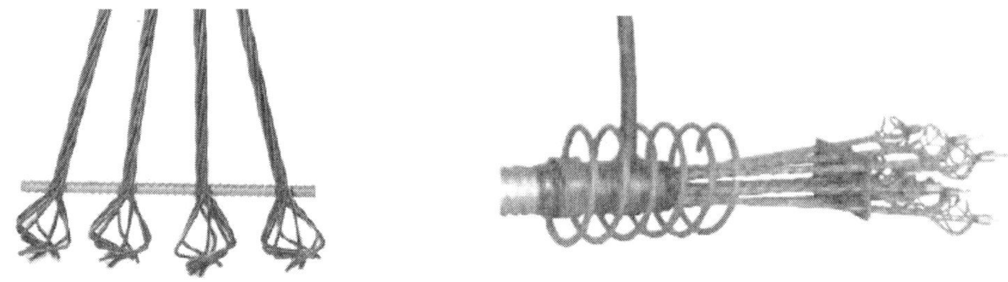

(a) 납작한 정착장치 고정단 (b) 원형 정착장치 고정단

그림 3.8 **정착장치 고정단**

2) 연결용 장치

다수의 PS 강연선을 설치할 수 있는 부착식 텐던에 사용되며 시공조인트에서 연결하여 시공할 때 사용한다(그림 3.9). 건축구조물에 다수의 PS 강연선을 연결한 사례는 없고, 대부분 토목 구조물인 PSC 박스 교량의 연속화를 위해 사용되고 있다. 연결용 정착장치에 결합되는 PS 강연선은 강연선의 끝단에 쇠뭉치를 압착하여 결속시키고 연결용 정착판에 끼워 넣어 설치한다.

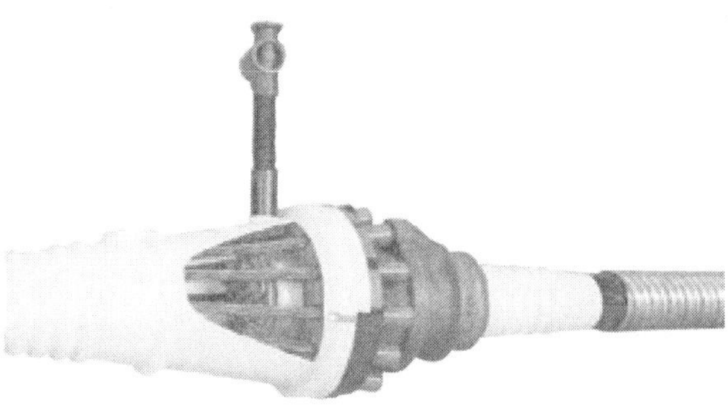

그림 3.9 **다수의 PS 강선용 연결장치**

3.1.6 부착식 텐던용 덕트

부착식 텐던은 PS 강연선을 긴장한 후 그라우팅을 하는데, 그라우트가 충전될 수 있는 공간을 제공하는 자재로 덕트를 사용한다. 덕트는 원형 및 직사각형으로 제작되며 금속, 도금된 금속 및 플라스틱의 재질로 만들어진다(그림 3.10).

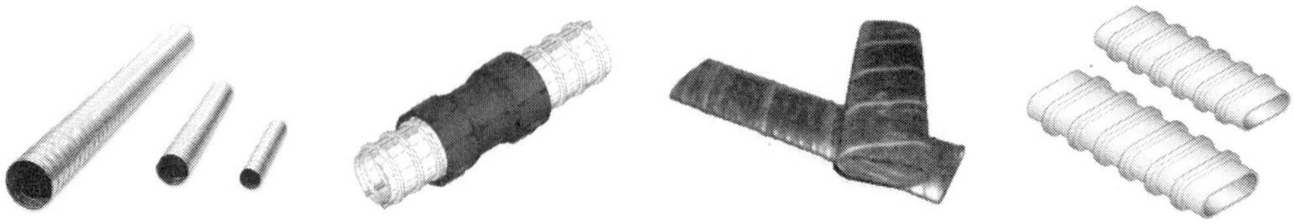

(a) 원형 금속 덕트 (b) 원형 플라스틱 덕트 (c) 납작한 금속 덕트 (d) 납작한 플라스틱 덕트

그림 3.10 **덕트의 종류**

덕트는 그림 3.10에서 보는 바와 같이 나선 또는 동심의 주름관이 있는 형상으로 제작된다. 덕트 속에 배치된 강연선과 덕트 외면에 접한 콘크리트가 기계적으로 완전히 맞물려 그라우트에 의한 부착응력이 콘크리트에 전달될 수 있도록 주름진 형상을 갖추어야 한다. 덕트는 PS 강연선이 삽입되고 그라우팅될 수 있는 정도의 규격을 사용하고, PS 강연선 총단면적의 200%의 순단면적을 가져야 한다. PS 강봉에 사용하는 덕트는 PS 강봉 직경보다 6mm 이상 큰 것을 사용한다. 커플러를 사용하여 PS 강봉이 연결될 때 또한 커플러 직경보다 6mm 이상 큰 덕트를 사용한다.

덕트의 형상이나 시험 방법에 대한 규정은 없지만, 대부분의 덕트는 프리스트레싱 강재를 설치하기 전에 콘크리트에 묻히기 때문에 3m 높이에서 떨어지는 콘크리트 타설 압력을 충분히 견딜 수 있는 제품이어야 하며, 덕트의 주름 사이에 0.45kN의 힘을 가했을 때 3mm 이하의 변형만 발생되어야 한다. 콘크리트가 타설되기 전에 프리스트레싱 강재가 미리 설치되어 있는 덕트의 경우는 1.5m 높이에서 떨어지는 콘크리트 타설 압력을 충분히 견딜 수 있는 제품이어야 한다. 포스트텐셔닝 시스템 제조사의 정착장치의 규격에 따라 사용하는 덕트의 규격이 다르므로, 적용하는 정착장치에 적용할 수 있는 덕트의 규격을 미리 확인하는 것이 좋다.

3.1.7 비부착식 PS 강연선의 정착장치

1) 단일용 정착장치

그림 3.11에 있는 바와 같이 비부착식 텐던에 주로 사용되는 정착장치로, 1가닥의 PS 강연선만 설치할 수 있다. 포스트텐셔닝 시스템 제조사마다 정착장치의 크기가 상이하고 12.7mm와 15.2mm PS 강연선용 정착장치가 별도로 있으므로, 적용할 콘크리트 구조물의 크기를 확인하여 정착장치가 부재의 단면에 설치 가능한지 확인하고 제품을 선정해야 한다. 단일용 고정단 정착장치는 별도로 없으므로 긴장단과 동일한 제품을 고정단 정착장치로 사용하여 시공한다.

그림 3.11 **단일 정착용**

2) PS 강연선용 정착장치의 규격

단일 텐던용 정착장치는 업체마다 크기에서 약간 차이가 있지만 사용할 수 있는 규격이 많지 않다. 적용할 수 있는 정착장치의 크기의 범위를 정리하면 표 3.8과 같다.

표 3.8 **단일 정착장치의 크기**

규격	폭(mm)	높이(mm)
12.7mm 텐던용	63~70	130~132
15.2mm 텐던용	55~81	105~153

다수의 PS 강연선용 정착장치의 경우, 포스트텐셔닝 시스템 제조사마다 적용할 수 있는 규격이 다양하여 정착장치의 배치간격이나 콘크리트 연단거리에 대한 기준이 다르므로, 적용할 수 있는 규격, 정착장치 간 간격 및 필요 연단거리를 현장 특기 시방서나 시공도면에서 제공하지 않는 경우 이 실무매뉴얼의 4장을 참조한다.

2) 단일 PS 강연선의 연결

단일 PS 강연선 연결용 장치로 그림 3.12에서 보는 것과 같은 강연선 연결장치가 사용되고 있으며, 시공줄눈에서 연결하여 사용하기보다는 비부착식 강연선의 보수를 위해 주로 사용되는 장치이다. 연결용 장치 내부에 두 개의 강연선 정착용 쐐기가 들어 있어 강연선을 끼운 상태에서 장치 몸체를 돌려 완전히 잠그면 내부에 들어 있는 스프링이 쐐기를 밀어 정착되는 장치이다. 스프링의 미는 힘으로 쐐기가 임시 정착되기 때문에 긴장할 때 신장량 관리에 주의가 필요하다.

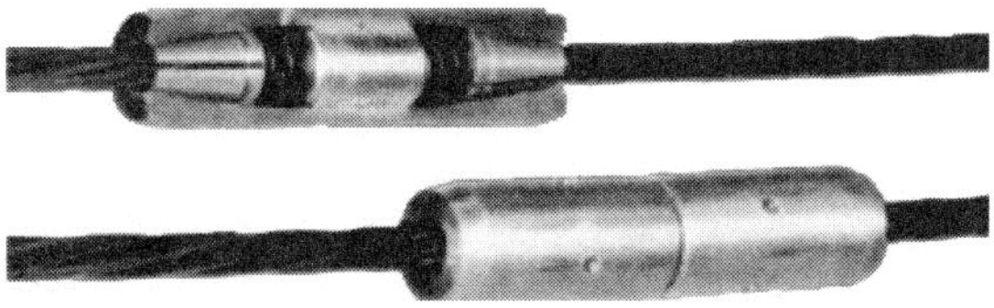

그림 3.12 **단일 PS 강선용 연결장치**

3.1.8 부식성 환경의 비부착식 텐던용 자재

1) 부식성 환경

제빙 화학물, 바닷물, 염분이 함유된 물 또는 이런 것들을 수원으로 하는 연무에 직접 또는 간접적으로 접하는 환경, 염분이 있는 해안가 주변의 대기에 노출된 환경 및 정착장치가 있는 부분이 흙과 직접 닿는 환경들이 수밀성을 요구하는 환경에 해당된다. 이러한 조건 이외에 밀집되어 있는 사무실, 공동주택, 창고 및 공장들이 일반적인 환경조건에 해당되더라도 구조물의 일부분이 수밀성을 요구하는 부식성 환경에 노출되는지 검토가 필요하다.

수밀성이 요구되는 환경에 구조물이 노출된다고 판단되면 부식 방지를 위한 정착장치의 적용을 고려해야 하고, 이러한 정착장치는 에폭시 코팅된 정착구나 플라스틱 재질을 사용한 캡슐화 된 정착구를 사용하여 부식되는 것을 방지해야 한다. 우리나라에서는 아직 부식성 환경에서 사용하는 정착장치에 대하여 명확한 규정이 정립되어 있지 않았으므로, 좀 더 자세한 내용은 ACI 423.7-07/Specification for Unbonded Single-Strand Tendon Materials and Commentary(2007)를 참조하면 된다.

2) 에폭시 코팅된 비부착식 정착구와 부속장치

수밀성이 요구되는 환경에 노출되는 곳에 에폭시 등으로 코팅된 정착장치를 사용해야 한다. 에폭시가 도포된 상태의 자재는 운반 및 설치과정 중에 피복이 손상될 수 있으므로 주의가 필요하며, 에폭시가 벗겨진 부분이 있을 경우 부식성 환경에 장기간 노출되지 않도록 보수해야 한다.

위에서 언급한 정착장치는 쐐기가 닿는 주위를 제외하고는 모든 면이 에폭시로 도포되어야 한다. 부식성 환경에서 수밀성을 확보하기 위하여 정착장치와 PS 강연선이 연결되는 부위는 연결관(connecting tube 또는 sleeve)이 설치되어야 하고 연결관은 PS 강연관의 피복과 색상이 다른 테이프를 이용하여 밀실하게 감싸야 한다. 강연선이 절단된 단부의 마감은 캡(cap)을 사용하며 캡에 그리스를 채워 PS 강연선을 보호해야 한다.

3) 플라스틱 캡슐화 되어 밀봉된 비부착식 정착구와 부속장치

플라스틱으로 캡슐화 되어 밀봉된 정착구는 쐐기가 정착되는 부위가 수밀하게 보호되어야 한다. 또한 텐던을 구성하는 정착장치(긴장 측, 고정단 및 연결용), 쐐기 및 PS 강연선은 수분이 침투되지 않도록 강연선의 끝단에 캡을 설치하여 완전히 밀봉한다.

고정단, 긴장 측 정착장치 및 연결용 장치는 플라스틱 재질의 피복물을 씌워 정착장치가 부식되는 것을 방지하고, 정착장치, 연결관 및 캡 등의 부속품들이 연결되는 부위에는 고무 실(seal)을 넣어 물이 침투되지 않도록 제작해야 한다.

정착장치와 PS 강연선이 연결되는 부위에는 연결관을 사용하고 연결관은 그림 3.13과 같이 기계적으로 맞물려야 한다. ACI에서 권장하는 연결관은 강연선의 플라스틱 피복이 외부에서 확인을 할 수 있도록 반투명한 재질을 사용하여 제작하고 연결관은 최소 100mm 이상 겹쳐져야 한다.

(a) 고정, 긴장용 정착장치

(b) 연결용 정착장치

그림 3.13 **밀봉된 정착장치**

3.2 건축 포스트텐션용 장비 및 사용기준

3.2.1 일반 사항

이 절에서는 건축 포스트텐션 시스템을 시공할 때 사용하는 장비를 소개한다. 포스트텐션용 장비로는 텐던을 긴장하기 위한 잭, 부착식 텐던의 덕트 속으로 강연선을 밀어 넣기 위한 강연선 삽입기, 그라우팅 장비 및 강연선 절단용 공구가 있다. 사용되는 장비와 그 규격이 다양하므로 장비의 사용 방법에 대한 설명은 제외한다.

3.2.2 고정단 정착용 유압장비

고정단 정착장치는 콘크리트를 타설할 때 구조물에 매설되는 장치로서 과거에는 쐐기(웨지 또는 jaw) 슬립으로 인한 강연선의 탈락을 방지하기 위해 스프링이 있는 장치를 사용하였으나, 이 경우 운반 중 장치 간의 충돌이나 콘크리트 타설할 때의 충격으로 인하여 긴장할 때 강연선이 탈락되는 시공 사례가 빈번하게 발생하였다. 이에 따라 최근에는 대부분 유압장비를 사용하여 비부착식 텐던의 고정단 정착장치와 쐐기에 적절한 힘을 가하여 정착시키는 것이 일반적이다(그림 3.14). 쐐기를 정착시키기 위해 도입되는 힘은 쐐기가 정착장치를 이탈하지 않을 정도의 적절한 힘이다. 단, 정착시키는 힘은 PS 강연선 인장강도의 85%를 초과하지 않도록 주의한다. 텐던에 고정단 정착장치를 정착시킨 후 곧바로 텐던 보호용 캡을 설치하기 때문에 정착장치 밖으로 돌출되는 강연선의 길이는 캡이 설치될 수 있는 정도만 남겨두어야 한다.

그림 3.14 **고정단 정착용 유압장비**

3.2.3 긴장용 잭

텐던을 긴장하는 장비로는 그림 3.15에 나타나 있듯이 모노램 잭과 트윈램 잭이 있다. 모노램 잭은 하나의 실린더만 있어서 주로 텐던이 좁은 구역에 수평 및 연직방향으로 다단으로 집중하여 배치된 보 부재에서 긴장할 때 긴장작업이 용이하다. 장비의 중량은 긴장력과 발생되는 스트로크에 따라 20~35kg 정도이다.

다수의 강연선이 설치된 부착식 텐던의 경우 모노램 잭을 사용하여 설치된 강연선을 한꺼번에 긴장한다. 한 번에 많은 강연선을 긴장하기에는 잭이 상당히 크고 무겁기 때문에 크레인과 같은 양중용 장비를 이용해야 긴장작업을 한다.

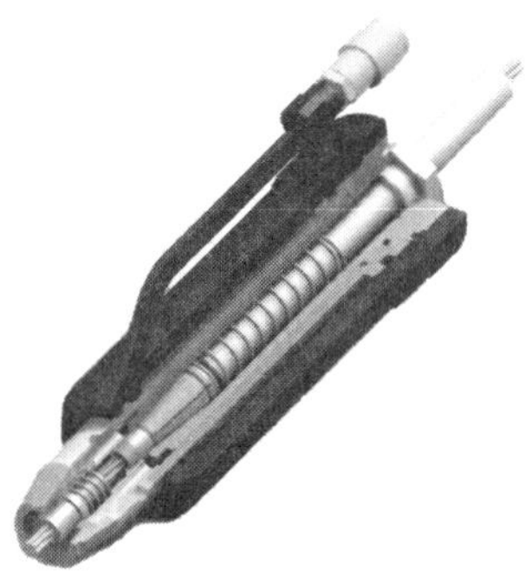

(a) 모노램 잭

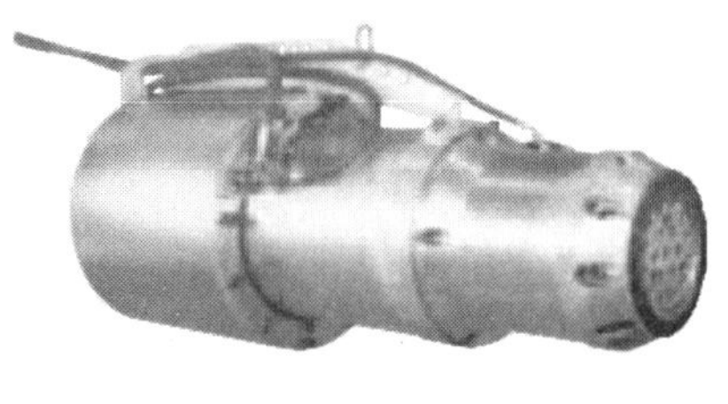

(b) 다수의 PS 강연선용 모노램 잭

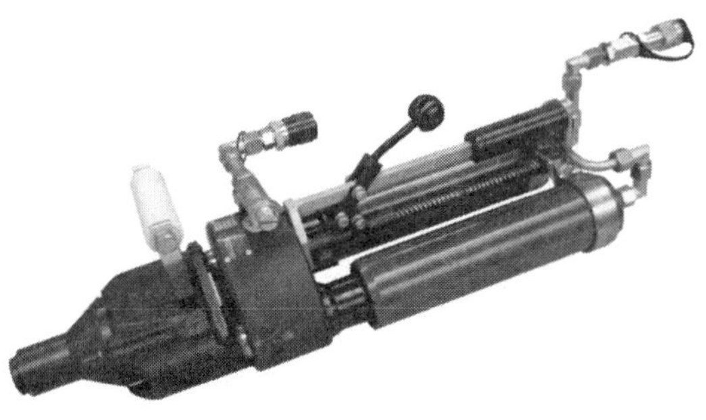

(c) 트윈램 잭

그림 3.15 **잭의 종류**

트윈램 잭은 긴장할 텐던을 중심으로 좌우측에 두 개의 실린더가 있는 형태이며 슬래브와 같이 한쪽 방향으로 일련하여 배치된 곳에서 긴장할 때 사용된다. 한번에 1가닥의 강연선만 긴장할 수 있고, 장비의 중량은 긴장력과 발생되는 스트로크에 따라 20~30kg 정도이다.

긴장용 잭은 아래의 기준을 만족해야 한다.

(1) 긴장용 장비는 긴장력을 시험하여 적어도 강연선 인장강도의 95%의 긴장력이 확보되는 용량의 것이어야 한다.

(2) 잭 내부의 실린더 면적은 영구적으로 변함이 없어야 한다.

(3) 긴장 후 정착장치 속의 쐐기를 정착시키는 방법이 일정해야 하고 정착손실, 즉 쐐기가 정착장치 속으로 들어갈 때 발생되는 손실은 모든 텐던에서 일정해야 한다.

(4) 하나의 텐던의 긴장작업을 반복할 때 발생되는 잭의 스트로크에 의한 정착손실을 보정할 수 있는 장치를 구비해야 한다.

(5) 길이가 6m 이하의 텐던을 긴장할 때는 잭의 앞부분에 쐐기를 정착시키는 유압의 장치가 설치되어 있어야 한다. 쐐기를 정착시키기 위한 유압장치가 있으면 쐐기가 정착될 때 6mm 이하만 정착장치 속으로 들어가지만, 쐐기를 정착시키는 유압장치가 없을 경우에는 긴장 후 쐐기가 정착될 때 6~9mm 정도 정착장치 속으로 들어간다.

(6) 잭에 압력을 넣는 유압펌프는 압력을 제거하거나 도입된 압력을 유지할 수 있는 역행 방지판이 있어야 한다.

(7) 도입하는 압력을 미세하게 조정하기 위한 압력제어장치가 있어야 한다.

(8) 유압호스와 부속품은 최대 압력까지 서서히 압력을 발생시켜 이상 유무를 확인한다. 잭은 34.5~68.5MPa의 고압력으로 작동되기 때문에 유압호스와 부속품은 정적인 압력상태에서 4배의 안전율을 확보하는 제품이어야 한다.

(9) 유압측정용 게이지는 예상되는 최대 압력에서 실제 압력을 읽을 수 있는 교정된 제품을 사용한다.

(10) 최소 6개월마다 잭과 유압게이지를 결합한 상태로 검교정을 받고 잭의 마찰손실값을 측정해야 한다.

다수의 PS 강연선이 설치되는 정착장치는 규격에 따라 사용하는 장비가 달라지므로, 해당 긴장장비의 규격을 미리 확인한다. 정착장치에 장비를 부착하기 위해 필요한 공간 및 긴장할 때 발생되는 스트로크에 의해 긴장용 장비와 구조물과의 간섭 등을 충분히 고려해야 한다.

3.2.4 PS 강연선 삽입용 장비

비부착식 텐던의 경우 배치되는 PS 강연선의 길이가 길 경우, PS 강연선을 당기거나 밀어 넣는 방법으로 강연선을 설치한다. 풀링 장비와 푸싱 장비에 대한 특별한 기준은 없고 PS 강연선을 설치하는 동안 강연선에 손상을 입히지 않아야 한다.

1) 풀링 장비

수평으로 배치되는 텐던을 설치할 때 사용하며 설치할 강연선 중량의 2.5배 이상을 당길 수 있는 제품이어야 하고 주로 윈치를 사용한다. 수직으로 배치되는 강연선을 당겨서 설치할 때는 윈치의 안전율로 5.0 정도는 고려해야 한다.

2) 푸싱 장비

장비에 부착된 바퀴를 고속으로 회전시켜 강연선을 밀어 넣는데, 회전하는 바퀴에 의해 강연선이 손상되지 않도록 강연선과 맞닿는 부분은 금속재질을 사용하지 말아야 한다.

푸싱으로 PS 강연선을 삽입할 때는 콘크리트가 타설되기 전에 덕트 내부의 막힘을 확인하기 위해 아주 단단하고 덕트의 내경보다 3mm 작은 콘을 사용하고, 콘크리트가 타설된 후 덕트 내부의 막힘을 확인하기 위해서는 덕트의 내경보다 6mm 작은 콘을 사용한다.

3.2.5 그라우팅 장비

1) 그라우트 믹서

그림 3.16의 그라우트 믹서는 배합되는 재료를 연속적으로 혼합하고 철망의 스크린을 통과하여 덕트를 완전히 메울 수 있도록 시멘트를 균일하게 교반할 수 있는 장비여야 한다.

2) 그라우트 주입용 장비

그라우트를 주입할 때 압력의 변화가 적어야 하고, 그라우트 주입작업이 일시 중단되었을 때 그라우트를 다시 순환시킬 수 있는 기능이 있는 장비여야 한다. 또한 덕트 속의 압력을 유지할 수 있고 압력이 손실되지 않도록 밸브를 막을 수 있는 것이어야 한다. 그라우트를 밀어내기 위해 압축공기를 사용하지 말고 덕트의 규격이나 길이, 그라우팅을 수행할 횟수, 대기온도 및 장비의 접근성 등을 고려하여 장비의 규격을 선정한다.

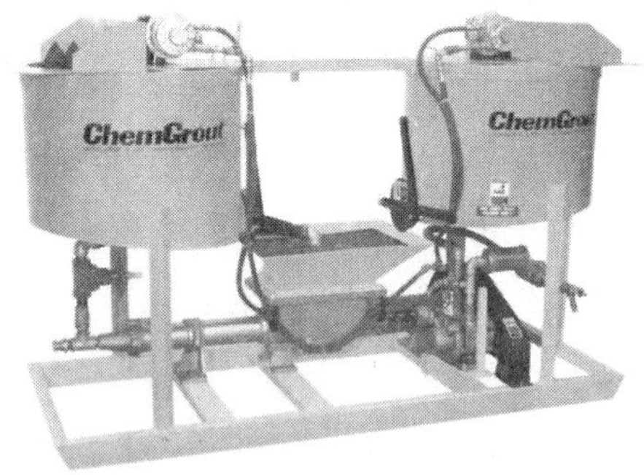

그림 3.16 **그라우팅 장비**

3) 공기 압축 및 세정용 장비

덕트의 막힌 곳이 없는지 확인하고 덕트 속에 남아 있는 물을 빼내거나 덕트의 누수부위가 있는지 확인하기 위해 압축된 공기를 사용하고, 그라우트 주입용 관에 남아 있는 이물질을 씻어내기 위한 세정장치가 있어야 한다.

4) 그라우팅 부속품

그라우팅 부속품과 정착장치, 그리고 그라우팅용 캡의 연결부위를 포함하는 공기구멍용 부속품은 그라우팅 작업할 때 발생하는 약 1MPa 정도의 압력을 견딜 수 있는 것으로 선택해야 한다.

3.2.6 PS 강연선 절단용 공구

긴장이 완료된 PS 강연선을 절단할 때 사용하는 장비는 아래와 같다. 각 공구들의 사용 방법은 제품 사용설명서를 참조하여 사용하는데, 공구 제작사별로 사용방법이 다르고 주의사항이 별도로 표기되어 있으므로 사용 전에 공구의 사용 방법을 숙지한다.

1) 플라즈마 절단기

그림 3.17의 플라즈마 절단기는 긴장 후 강연선을 신속하게 절단하기 위한 장비로, 남겨진 텐던의 끝단에 캡을 설치할 수 있는 정도만 남겨두고 절단한다. 강연선을 절단하는 데에는 3~5초 정도 소요되며, 절단할 때 발생되는 열이 강연선으로 전달되지 않는다. 토치 머리에 쐐기 쪽으로 불꽃이 튀는 것을 방지하기 위한 보호장치가 부착되어 있는 제품도 있다.

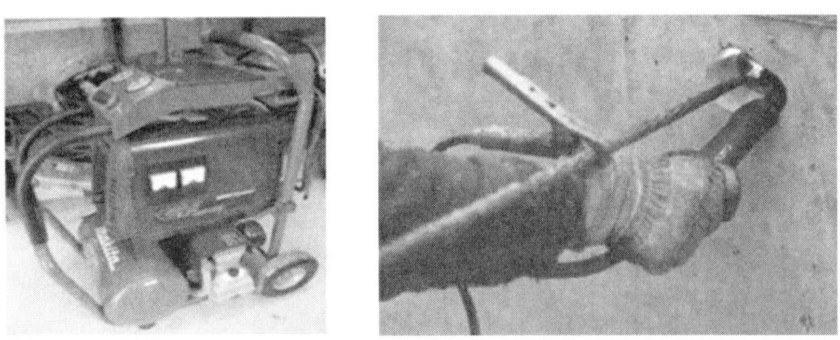

그림 3.17 **플라즈마 절단기**

2) 전동 연삭기

그림 3.18의 전동 연삭기는 고속으로 회전하는 연삭숫돌을 사용하여 강연선을 절단하는 장비이다. 연삭기를 사용할 경우 잘려지고 남은 강연선이 콘크리트 마감면과 똑같이 남아 무수축 모르타르로 마감하였을 때 마감면 밖으로 돌출되는 경우가 생길 수 있다. 콘크리트 피복이 부족하면 강연선의 부식을 유발할 수 있으므로 유의해야 하며 25mm 이상의 콘크리트 피복을 확보할 수 없을 때는 사용하지 말아야 한다.

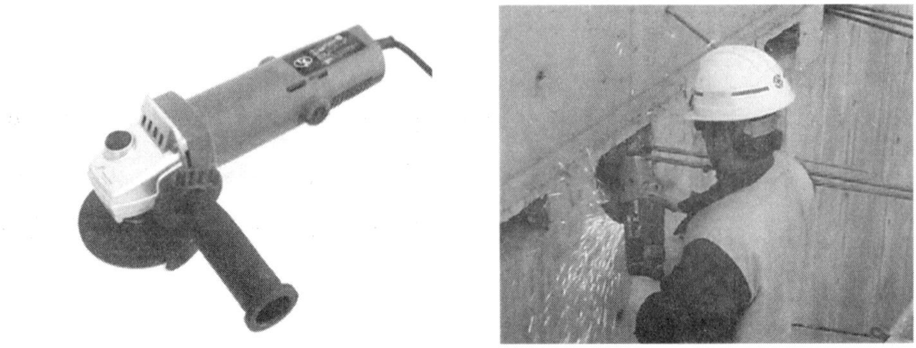

그림 3.18 **전동 연삭기**

3) 포켓 전단기

그림 3.19의 포켓 전단기는 좌측 그림의 홈이 있는 부분을 포켓에 넣고 장비를 구동하면 홈이 있는 부분이 회전하면서 강연선을 절단한다. 플라즈마 절단기처럼 긴장측 정착장치에 캡을 설치할 수 있을 정도로 강연선을 짧게 자를 때 사용한다.

그림 3.19 **포켓 전단기**

4) 산소 절단기

그림 3.20에 나타난 바와 같이 PS 강연선을 절단하기 위해 산소 절단기를 사용하는 경우도 있다. 쐐기에 열이 전달되지 않도록 가급적 신속히 강연선을 절단한다.

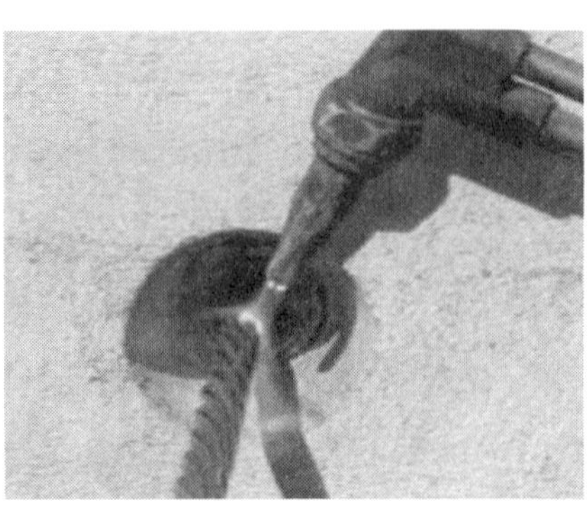

그림 3.20 **산소 절단기**

제 4 장 건축 포스트텐션 시스템의 시공

4.1 개요

건축물에 적용되는 포스트텐션 시스템은 부재의 크기가 작아서 시공 정밀도가 요구되며, 사전에 계획된 공정계획에 따른 층당 공기 준수 여부가 전체 프로젝트의 성패에 중요한 요인으로 작용한다. 이것은 반복되는 공정에 있어서 한 군데라도 문제가 생기면 전체 공정에 차질을 야기하기 때문이다. 공사시방서의 숙지, 시공도면(shop drawing)의 작성은 물론이고, 상세한 시공계획을 통하여 현장의 시공팀이 포스트텐션 시스템을 잘 이해하는 것이 중요하며, 공사 중 발생할 수 있는 돌발변수에 대처하기 위해서 사전에 전문기술자를 현장에 상주시키고 구조기술자와 긴밀한 협조체제를 구축해 놓는 일이 중요하다.

건축 포스트텐션 시스템에 있어서 부착 방식과 비부착 방식은 설계뿐만 아니라 시공에서도 큰 차이를 보이고 있다. 이 장에서는 비부착 방식의 포스트텐션 시스템을 위주로 하면서 부착 방식을 포함하여 포스트텐션 시스템의 시공에 있어서 중요한 사항을 서술한다.

4.2 포스트텐션 건물 시공순서

건축 포스트텐션 시스템을 시공적 측면에서 시공순서에 따라 주의사항과 주요 점검 내용을 설명한다. 포스트텐션 시스템이 적용된 건물의 시공은 거푸집 설치부터 강연선 긴장, 정착구 포켓 모르타르 충전에 이르기까지 다음과 같은 일련의 순서로 수행한다. 보다 자세한 설명이 필요한 작업은 다음 절에서 상세하게 논의한다.

(1) 거푸집 설치
(2) 수직한 측면 거푸집에 정착구 설치
(3) 하부 철근 설치 및 결속
(4) 정착구 보강철근 설치 및 결속
(5) 쉬스관 또는 텐던, 즉 강연선이 삽입되어 있는 쉬스관 설치 및 결속
(6) 상부 철근 설치 및 결속
(7) 콘크리트 타설 및 양생
(8) 단부 거푸집 및 포켓 포머 제거
(9) 긴장에 필요한 콘크리트 강도 확인
(10) 5번에서 쉬스관만 설치한 경우 쉬스관에 강연선 삽입
(11) 텐던 강연선 긴장
(12) 거푸집 탈형, 필요할 경우 동바리 재설치
(13) 부착식 텐던의 경우 쉬스관 그라우팅
(14) 강연선 잉여분의 절단
(15) 그리스 캡 설치 등의 부식 방지작업
(16) 정착구 포켓 모르타르 충전

포스트텐션 현장의 주요 작업은 강연선 설치공사 외에 거푸집공사, 철근공사, 콘크리트 타설공사의 세 가지 주요 공종으로 이루어진다. 시공효율을 높이기 위해서는 유휴시간 없이 세 가지 공종의 연속적인 작업이 가능하도록 공정계획이 수립되어야 한다. 현장 공정계획은 현장부지, 평면형태, 물량 등 여러 요인이 영향을 준다. 다음 4.3절에서 건축 포스트텐션 공사의 층당 골조공기 및 일별 작업내용을 설명한다.

4.3 층당 골조공기 및 일별 작업내용

고층의 주거용 건물이나 사무용 건물의 시공에 있어서 층당 골조공기는 중요한 검토대상이다. 골조공기는 그대로 전체 공기에 반영되므로, 골조공기를 단축하면 현장관리비가 절감되는 것은 물론, 경쟁사와의 수주경쟁에서 유리하기 때문이다. 국내 공동주택에 가장 많이 적용되고 있는 구조형식인 벽식구조는 작업일 기준 층당 공기가 6~8일로 비교적 길다. 포스트텐션 시스템을 도입할 경우, 내력벽이 경량벽체로 대체되면서 거푸집 면적이 줄어들고 기둥 간격이 넓어져 대형 거푸집 등 생산성이 높은 거푸집 사용이 가능하며, 고강도 콘크리트의 사용으로 거푸집 조기 탈형이 가능해져 골조 공기를 단축할 수 있다. 전통적으로 철골구조의 적용이 많았던 사무용 건물에 대한 포스트텐션 공법의 도입 여부 결정에 있어서 경제성과 함께 공기가 중요한 검토요인이 된다.

4.3.1 비부착 방식

비부착 방식의 포스트텐션 시스템이 재래식의 철근콘크리트 구조와 다른 점은 정착구의 설치 및 정착구 철근보강, 높낮이가 있는 텐던의 배치, 강연선의 긴장과 같은 세부작업이 추가된다는 점이다.

보에만 포스트텐션이 적용되고 슬래브에는 포스트텐션이 적용되지 않는 경우에는 텐던 배치작업과 철근배근작업을 별도의 작업팀이 수행하더라도 공정상의 문제가 발생하지 않는다. 그러나 슬래브에 포스트텐션이 적용되는 경우에는 하부철근을 시공한 후 텐던을 배치하고 다시 상부철근을 배치해야 하는 공정순서이기 때문에 텐던 배치공사와 철근배근공사를 서로 다른 주체가 수행하면 각각의 공정에 대기시간이 발생하게 되어 효율이 떨어진다. 이러한 문제를 해결하기 위해서는 텐던배치공사와 철근배근공사를 모두 수행할 수 있는 숙련공, 수행조직 및 발주체제가 필요하다고 할 수 있다.

텐던의 길이 재단 및 고정 정착구 조립, 강연선 긴장과 같은 공정은 주공정(critical path)에서 벗어나 있으므로, 층당 공기에 영향을 주지 않는 범위에서 작업의 조정이 가능하다. 강연선 긴장완료 후, 신장량이 오차범위 내에 있을 경우 긴장 정착구의 강연선의 잉여분을 절단하고 긴장 정착구 포켓을 그라우트하는 공정으로 포스트텐션 시스템 관련 공정이 종료된다.

표 4.1은 슬래브에 포스트텐션이 적용된 그림 4.1과 같은 평면을 갖는 주거용 건물을 기준으로 작성되었다. 다른 건물의 골조공기 산정을 위해서는 구조 형식, 시공 물량의 증감에 따른 작업팀의 운용 등을 감안하여 작업팀, 작업내용 및 골조공기를 조정한다.

표 4.1 **층당 4일 공정(4-day cycle) 및 일별 작업내용(예)**

구분	공종	오전							오후					
		6:00	7:00	8:00	9:00	10:00	11:00	12:00	13:00	14:00	15:00	16:00	17:00	18:00
1일차	먹매김	■	■											
	갱폼 인양		■	■	■	■	■							
	수직철근배근			■	■	■								
	검측						■							
	N-1층 기둥 · 옹벽 형틀 해체					■	■		■	■				
	수직재 형틀 설치								■	■	■	■	■	■
2일차	슬래브 형틀 설치		■	■	■	■	■		■	■	■			
	슬래브 철근 및 PT 자재 인양											■		
	코어슬래브 형틀 마무리											■	■	
3일차	N 층 슬래브 철근과 PT 배근		■	■	■	■	■		■	■	■			
	N-1층 강선 긴장								■	■	■	■		
	전기, 설비배관								■	■	■	■		
	검측											■	■	
4일차	콘크리트 타설 · 양생		■	■ 타설	■	■	■		■ 양생	■	■	■	■	■

※ 공기 산정기준

1. 형틀 – 기준층 물량 : 810m^2(갱 폼 + 알루미늄 폼), 7~8명 1개 팀 및 계단팀 운영
2. 철근 – 물량 : 7,400kg
3. 강연선 – 물량 : 800kg
4. 콘크리트 – 물량 : 120m^3, 1개 팀 4시간 타설(토출량 : 35m^3/h기준)

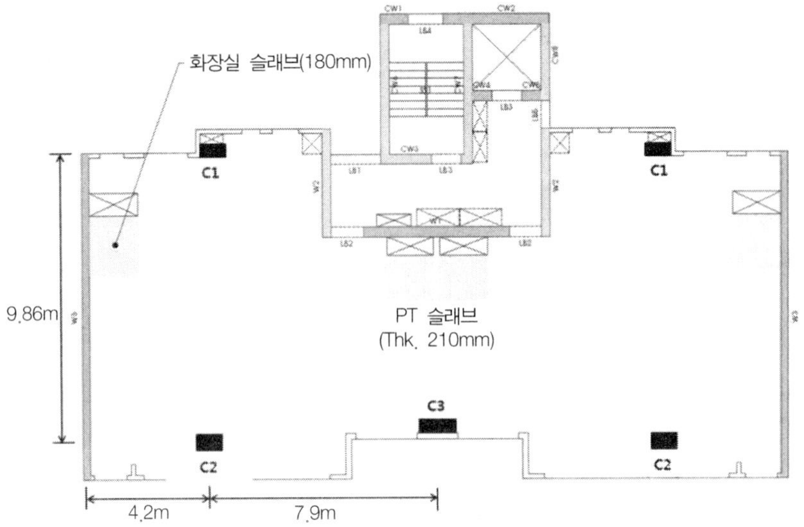

그림 4.1 **예제 건물의 평면(공동주택 84Type 2세대)**

4.3.2 부착 방식

부착 방식(그림 4.2)은 앞의 비부착 방식에 비하여 쉬스(sheath 또는 duct)의 배치, 강연선의 삽입 및 그라우트 공정이 추가된다.

(a) 부착 방식 고정 정착구

(b) 부착 방식 쉬스 배치

그림 4.2 **부착 방식 시공**

4.4 현장 자재관리

건축물 포스트텐션 현장에서 포스트텐션 시공자는 정착장치 부자재와 텐던을 현장에 하역하기 전이나 반입하기 전에 제품을 면밀하게 점검한다. 포스트텐션 자재 공급자는 하역 전에 검측할 때 발견된 손상자재를 양질의 자재로 교체해야 하며, 관련자재가 현장에 반입된 후 포스트텐션 설치 전문업체는 현장 내의 모든 포스트텐션 자재 관리에 대한 책임을 진다. 포스트텐션 설치는 전문기술자가 관리하여 책임 있는 시공이 이루어지도록 하고, 포스트텐션 자재의 설치는 자재공급자에 의해 제공된 설치 시공 도면이나 이 실무매뉴얼 4장에 준하여 관련 작업을 진행한다.

현장에 반입된 모든 긴장 자재들(그림 4.3과 4.4)은 손상되지 않도록 조심스럽게 다루고 과도한 습기에 노출되거나 화학적으로 손상을 입지 않도록 현장 자재관리가 이루어져야 한다. 강연선은 특히 유해한 염해물, 질산염, 황화물, 산성화 등의 화학적 공격과 부식으로부터 보호되어야 한다. 비부착 텐던에서 그리스와 함께 감싸고 있는 플라스틱 피복은 운송과정이나 설치작업 중에 손상을 입지 않도록 주의한다. 플라스틱 피복은 콘크리트 타설 중에 진동다짐에 의해서도 손상될 수 있으므로 역시 주의한다.

쐐기의 톱니와 표면, 정착구에 녹이나 이물질이 묻으면 정착구에 강연선이 약하게 물리고 콘크리트와의 부착력도 떨어지므로 쐐기와 정착구는 녹슬거나 더러워지지 않아야 하며 그리스와 같은 기름이 많이 묻지 않도록 관리한다. 쐐기나 정착구 안에 묻은 과도한 그리스도 역시 강연선의 슬립을 발생시킬 수 있다. 정착구 내부의 원뿔 슬리브 표면의 그리스는 마찰력을 감소시켜 정착구에 수평 파열력을 증가시키는 결과를 유발하므로 쐐기를 이용하여 강연선을 정착구에 정착시키기 위해 강연선의 그리스와 플라스틱 피복을 제거한다. 이때 정착구 구역의 강연선은 외부 유해환경에 노출되며 비부착식 텐던을 적용한 구조물의 성능은 정착구의 상태에 많은 영향을 받게 된다. 따라서 정착구를 조립할 때 부식이 발생하지 않도록 설치하고 쐐기 단부에 그리스 캡을 설치하는 것이 비부착식 텐던에서는 매우 중요하다.

그림 4.3 **현장 자재 반입**

그림 4.4 **고정 정착구 가공**

공장 가공된 텐던은 현장에서 적절한 위치에 설치가 용이하게 하기 위해 구별을 위한 마킹을 하여 현장에 운반하고, 현장 가공된 텐던은 마킹 후 작업층으로 인양하게 된다. 검측 후 현장에 반입된 긴장 장비의 유지관리와 보정은 지정된 작업자가 수행해야 하고 장비들을 건조된 장소에 보관해야 한다.

4.4.1 정착장치의 성능 확인

콘크리트표준시방서에는 현장 적용을 위한 정착장치 특성 중 정하중이 작용할 때 정착장치의 하중지지능력을 확인하기 위한 방법을 규정하고 있다. 현장 시공 전에 콘크리트표준시방서에 따른 정하중지지 시험결과를 제출한다. 이때 측정된 최대 하중은 인장하중의 95% 이상이어야 한다. 또한 3.1절 건축 포스트텐션용 자재 및 사용기준에 대한 지침도 확인한다.

4.5 텐던의 설치

건축 포스트텐션 시공팀은 전문기술자의 관리에 따라 정착구 설치와 텐던 배치 등의 설치작업과 긴장작업, 절단작업, 그리고 그라우팅 작업을 책임감 있고 일관성 있게 마무리한다. 각 공정 간의 책임회피와 작업 지연을 피하기 위해 같은 시공팀이 철근과 텐던 정착구의 설치와 조립을 책임지고 수행하는 것이 필요하다. 설치자는 현장작업 전에 관련 문서와 포스트텐션 설계자에 의해 승인된 시공도면을 충분히 숙지한다. 긴장 정착구를 슬래브 단부의 특정 위치에 정확하게 설치하기 위해 거푸집에 긴장 정착구 설치용 홀을 천공한다(그림 4.5). 천공구멍에 포켓 포머를 단단하게 고정할 수 있도록 오차 없이 정확한 크기의 직경으로 천공한다.

특별한 경우를 제외하고 거푸집에 직각으로 긴장 정착구를 설치한다(그림 4.6(a), (b)). 정착구는 콘크리트가 타설되는 동안 위치를 벗어나지 않도록 단단히 부착되어야 하며 모르타르 페이스트가 정착구 표면에 스며들지 않도록 한다(그림 4.6(c), (d)). 텐던 고임에 고정 정착구를 단단하게 지지하고 슬래브 단부의 피복을 충분히 확보하도록 거푸집의 수직면에 접촉하지 않게 설치한다.

포켓 포머는 충분한 강성을 가져야 하고 콘크리트 타설작업 동안 위치가 변하거나 손상되지 않으며 페이스트가 스며들지 않도록 이격없이 정착구와 밀착되어야 한다. 텐던을 설치할 때 긴장 단부의 긴장을 위해 필요한 강연선의 잉여분은 확실하게 확보

(a) 정착구 위치 마킹

(b) 정착구 위치 천공

그림 4.5 **정착구 설치 준비**

(a) 긴장 정착구(보)

(b) 긴장 정착구(슬래브)

(c) 긴장 정착구 결속(보)

(d) 긴장 정착구 결속(슬래브)

그림 4.6 **긴장 정착구 설치**

해야 한다. 비부착 텐던은 정해진 위치에 배치한 후 플라스틱 피복이 제거된 강연선을 긴장 정착구 캐스팅에 삽입한다. 정착구로부터 25mm 이내의 피복을 제거하되 강연선이 노출되는 부분이 25mm를 넘지 않게 한다.

정착구 안쪽에 피복이 벗겨진 강연선이 노출되어 있지 않도록 슬리브를 설치하고 수분이 침투하지 않도록 테이프로 밀봉한다(그림 4.7). 슬리브는 콘크리트를 타설할 때 강연선이 콘크리트에 부착되는 것을 방지하기 위해 필요하다. 콘크리트를 타설할 때 텐던의 위치나 높이가 변하지 않도록 적절하게 설계된 고임이나 철근을 이용하여 텐던을 지지해야 한다. 이때 고임은 콘크리트 타설할 때 텐던의 위치가 변하지 않도록 약 1.0~1.25m의 제한된 간격으로 단단하게 설치한다. 비부착 텐던의 경우 고임이나

(a) 슬래브 긴장단 슬리브

(b) 보 긴장단 슬리브

그림 4.7 **긴장단 슬리브**

철물에 플라스틱 쉬스의 손상없이 결속해야 하고, 플라스틱 피복이 손상되지 않도록 철근과 결속선을 너무 단단하게 묶지 않는다.

텐던의 수평방향 벗어남은 개구부, 덕트, 부착물 등을 피하기 위해 그림 4.8에서 보는 바와 같이 불가피한 경우가 있다. 그러나 텐던의 의도되지 않은 위치에서 수평방향 벗어남은 긴장력 마찰손실의 원인이 되므로 최소화한다. 이것은 리브 슬래브나 와플 슬래브에서 특히 중요하다. 텐던의 수평방향 벗어남은 얇은 웨브를 가진 리브에서 높은 수평 인장응력을 유발하므로 만약 정착구 영역의 보강이 적절하지 않은 경우 콘크리트의 국부적인 파열의 원인이 될 수 있다.

리브나 와플 슬래브에서 1.0~1.25m 간격으로 텐던을 철근에 단단히 결속함으로써 수평방향 벗어남을 최소화할 수 있다. 텐던을 설계할 때 요구되는 긴장력을 발휘하기 위해 작업자는 설계과정에서 지정된 최고점과 최저점이 정확한 위치에 놓이도록 해야 한다. 텐던의 최저점과 최고점 사이의 수직오차는 규정된 오차범위 내에서 지켜져야 하며, 설치오차는 프로젝트 시방이나 시공도면에 표현되지 않은 경우 4.5.2절에 따라야 한다. 4.5.2절은 슬래브와 보에 적용되며 다른 형태의 부재에서의 오차는 프로젝트 시방에 명시되어야 한다.

부식성 환경에서 설치 중 외기에 노출된 자재들은 현장반입 당일 보호 조치한다. 설치 중에 텐던과 정착구는 건조한 상태에 있어야 하며 수분의 침투에 의해 손상되지 않도록 관리한다.

(a) 텐던 위치의 수평편차

(b) 개구부 주변 배치

그림 4.8 **텐던 위치의 오차**

4.5.1 텐던 배치 형상

텐던은 4.5.2절에서 권고하는 오차범위 내에서 시공도면에 명시된 배치 형상에 따라 정해진 위치에 정밀하게 설치한다(그림 4.9). 텐던 배치 형상(tendon profile)에서 의도되지 않은 국부적인 역방향 휨은 콘크리트 타설 이전에 수정한다.

텐던 배치 형상은 철근이나 고임, 지지철물에 결속되어 콘크리트를 타설이 완료할 때까지 유지되도록 하고, 텐던 피복이 손상되거나 찢기지 않을 정도로 텐던과 지지철물에 결속한다.

(a) 보 텐던 배치 형상

(b) 슬래브 텐던 배치 형상

그림 4.9 **보**

4.5.2 텐던 시공오차

텐던 위치의 수직편차는 슬래브 두께가 200mm보다 작은 경우 ±6mm, 슬래브 두께가 200~600mm인 경우 ±10mm, 두께가 600mm 이상인 경우 ±12mm이다. 이 오차를 고려하여 텐던의 최소 텐던 피복두께의 확보 여부를 확인하고, 화학 제설제나 염해 등 부식성 환경에 노출된 경우 설치 오차는 보정한다. 텐던의 수평오차는 수직오차에 비해 상대적으로 덜 민감하다.

4.5.3 개구부

수평면에서 텐던 편차에 의해 발생하는 수평력으로 인해 구조체에 잠재적인 균열이 발생할 수 있지만, 설계할 때 슬래브 개구부, 덕트, 홈, 부착물 등과의 간섭을 피하기 위해 수평방향 편차가 불가피한 경우가 있다.

개구부 주변에서는 균열제어나 방지를 위해 큰 곡률반경의 텐던 배치, 개구부 가장자리와 충분한 이격거리 확보, 개구부 코너를 지나서 텐던 직선으로 설치, 주변 콘크리트로 수평력을 분산시키기 위한 헤어핀 사용 등의 적절한 시공방법이 필요하다. 큰 개구부는 개구부 코너에 대각선으로 균열제어용 철근을 슬래브 상·하부에 보강하거나 필요에 따라 추가적인 구조물 보강을 할 수 있다.

4.5.4 긴장 정착구

긴장 정착구에서는 텐던을 텐던 축에 수직으로 설치하며 긴장 정착구에서 최소 300mm 구간에서는 텐던을 직선으로 설치한다. 또한 단부 거푸집에 긴장 정착구를 밀실하게 결속하고 연결부는 공사 중 예기치 않은 하중에 의해 풀리지 않도록 충분히 단단하게 결속한다. 외기에 노출된 부식성 환경에서 앵커는 부식되지 않도록 결속용구를 사용하여 단부 거푸집에 결속한다.

콘크리트에 매립된 정착구 상부, 하부, 단부에서 최소 피복은 구조물의 임의 위치에서 철근의 최소 피복 이상이다. 일반적인 환경에서 쐐기 단부 최소 피복두께는 40mm

이고 부식성 환경에서 최소 피복은 50mm이다.

단부 긴장 정착단에 사용된 포켓 포머와 중간 정착장치의 쐐기구멍에 콘크리트와 시멘트 페이스트가 침투하지 않도록 관리한다.

4.5.5 고정 정착구

고정 정착구에서 공사 중 쐐기가 풀리지 않도록 쐐기를 정착장치에 단단히 정착시키되, 3.2.2절에도 언급하였듯이 정착시키는 힘은 PS 강연선 인장강도의 85%를 초과하지 않아야 한다. 고정 정착구는 시공도면에 표시된 거푸집 위치에 단단히 고정되도록 설치하며(그림 4.10), 고정 정착구에 필요한 콘크리트 최소 피복두께는 긴장 정착구와 마찬가지로 40mm이고, 부식성 환경에서는 50mm이다. 또한, 부식성 환경에서 고정 정착구에 수분이 침투하지 않도록 그리스로 충전된 캡으로 밀봉한다.

(a) 내부 고정 정착구

(b) 단부 고정 정착구

그림 4.10 **고정 정착구**

4.5.6 쉬스 점검과 보수

건축 포스트텐션 시스템을 시공할 때 거푸집에 텐던을 설치한 후 콘크리트 타설 전에 포스트텐션 설치자는 혹시 있을지 모르는 텐던 피복의 손상을 점검한다. 손상을 입은 텐던 플라스틱 피복은 물이 침투되지 않고 공기층이 발생하지 않도록 보수해야 한다.

일반적인 환경에서 텐던 피복에 발생한 작은 손상은 엔지니어의 판단에 의해 허용될 수도 있다. 손상된 피복은 탄성을 지닌 방습 접착테이프, 최소 폭 50mm의 텐던 피복과 대조적인 색깔을 지닌 테이프로 보수할 수 있다.

4.6 콘크리트 타설

건축 포스트텐션 슬래브에서 콘크리트 타설작업은 철근콘크리트 슬래브의 그것과 유사하다. 콘크리트 타설작업자는 다음을 숙지한다.

(1) 부착식 텐던의 쉬스와 비부착식 텐던의 플라스틱 피복은 콘크리트 타설 중에 손상되기 쉽다. 이것은 긴장작업과 그라우팅 작업할 때 문제가 발생하는 원인이 된다.

(2) 정착구와 텐던은 콘크리트 타설 중 원 위치가 변경되면 안 되며, 진동다짐기와 콘크리트 배관이 텐던과 접촉하지 않도록 관리한다. 만약 텐던의 위치가 콘크리트 타설 동안 설계된 위치를 벗어나면 정확한 위치로 수정한다. 펌프나 배관라인 등 콘크리트 타설 장비는 텐던 위에 거치하지 않는다.

(3) 콘크리트가 정착구 주변에 충실하게 채워져야 하는 것은 필수적인 사항이다.

(4) 단부 거푸집은 콘크리트가 양생된 후 바로 제거한다. 단, 거푸집 제거할 때 포켓포머의 손상에 주의한다.

포스트텐션 구조물은 일반적인 철근콘크리트 구조물에 비해 철근량이 매우 적기 때문에, 펌프카를 이용하여 콘크리트를 타설할 때 콘크리트 압송 배관이 철근 및 텐던에 직접 얹히게 되면 철근 및 텐던의 배치가 손상될 수 있으므로 콘크리트 분배기를 사용하여 타설한다. 부득이하게 배관을 해야 하는 경우에는 별도의 받침을 두어 철근이나 텐던의 배치에 문제가 없도록 조치하고, 콘크리트를 타설할 때 텐던 배열과 철근의 위치가 변하지 않도록 주의하여 진행한다(그림 4.11).

(a) 콘크리트 타설 (b) 타설작업

그림 4.11 **타설**

지압판 뒤의 공극, 콘크리트 강도 부족은 긴장할 때 콘크리트 파괴의 원인이 된다. 텐던 정착구 주변에 콘크리트의 충분한 채움을 위해 콘크리트 진동다짐기를 사용할 때는 특별한 주의가 필요하다. 올바른 콘크리트 다짐과 적절한 양생은 이러한 문제들 대부분을 해결할 수 있다. 지압판 뒤의 공극은 강연선 긴장 전에 보수한다.

염화칼슘이나 염화칼슘을 포함한 첨가물, 다른 염화물은 프리스트레스트 콘크리트 시공이나 단부 정착구 마감에 사용하면 안 된다. 사용되는 단부 마감용 모르타르의 설계강도는 모재 콘크리트의 설계강도 이상으로 한다. 콘크리트가 타설되고 양생되는 동안 텐던과 정착구에 수분이 침투되지 않도록 보호하며, 콘크리트를 타설하는 동안 텐던 피복에 손상이 발생하면 4.5.6절에 따라 보수한다.

4.6.1 양생할 때의 주의사항

포스트텐션 구조물은 강연선을 긴장함으로써 구조적인 안전을 확보하게 되는데, 이를 위해서는 사전에 콘크리트의 강도를 확인해야 한다. 콘크리트의 강도를 확인하는 방법으로 가장 손쉽게 사용할 수 있는 방법은 구조체 관리용 공시체를 활용하는 방법인데, 콘크리트 공시체는 콘크리트 구조물에 비해 작기 때문에 수화열 효과를 얻을 수 없어 본 구조물에 비해 불리한 결과를 얻을 수도 있다. 본 구조물의 수화열 효과를 평가받기 위해서는 본 구조물을 직접 평가하는 것이 좋은데, 이를 위해서 구조체 관리용 공시체를 활용하는 방법, 적산온도법, pull-out 시험을 이용하는 방법이 있다.

각각의 방법을 아래에 간단히 소개한다.

1) 구조체 관리용 공시체를 활용하는 방법

실제 구조체에 타설한 콘크리트는 표준양생 조건(20℃, 수중양생)과는 달리 외기온도, 부재단면 크기 등에 따라 콘크리트 강도가 다르게 발현할 수 있다. 따라서 콘크리트 구조물이 필요한 강도에 도달하였는지 확인하기 위해서 “구조체 관리용 공시체”를 제작하여 활용한다.

구조체 관리용 공시체의 양생 방법은 (1) 현장수중양생(초기강도 발현 때까지 1일 동안은 비닐 등으로 수분증발을 막고, 탈형 후에는 구조체 옆에 수조를 놓고 계획한 재령 동안 양생), (2) 현장 봉함양생(탈형 후 내부 수분이 건조되지 않도록 음식물 포장용 랩이나 비닐 등으로 공시체를 감싸 구조체 옆에 보관), 그리고 (3) 온도추종양생 공시체(구조체 콘크리트 내부에 온도계를 설치하고 공시체는 온도조절이 가능한 시험실에 설치하여 구조체의 온도와 동일하게 공시체의 온도를 맞춤)가 있다.

2) Pull-out 시험

구조물의 실제 강도발현을 확인하는 방법으로 사용되는 구조체 관리용 공시체는 콘크리트의 수화열이 반영되지 않아 실제 구조물의 강도에 비해 낮게 평가되고 있다.

Pull-out test는 ASTM C 900 “Standard Test Method for Pullout Strength of Hardened Concrete”에 공인된 방법으로, 콘크리트 타설 직후에 pull-out test를 위한 작은 철물(직경 25mm, 깊이 25mm)을 구조체에 매입해두었다가 강도를 측정할 때 철물을 잡아 당겨 뽑혀 나오는 하중으로 콘크리트의 압축강도를 확인한다(그림 4.12). 콘크

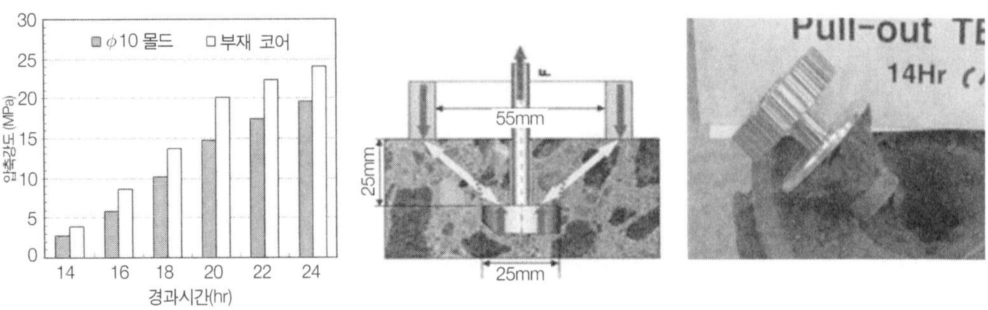

그림 4.12 **Pull-out 시험 방법**

리트의 수화열에 의한 양생조건이 그대로 반영되기 때문에 좀 더 정확한 강도 측정이 가능한 방법이다. 정확한 측정을 위해서는 정확한 인서트 매입이 가장 중요한데, 동일한 측정지점에 5개소를 설치하여 최대 값 및 최소 값을 제외한 3개 값의 평균으로 강도를 판정한다.

3) 적산온도법

적산온도법은 콘크리트 강도 발현의 중요한 요소인 시간과 온도요소를 반영하여 콘크리트의 강도발현을 추정하는 방법이다. 이 방법은 콘크리트 내부에 매입해 둔 센서를 통하여 콘크리트 양생기간 중 콘크리트의 온도이력을 측정함으로써 콘크리트의 강도를 추정하게 된다(그림 4.13).

이 방법은 공사 중 타설된 구체 콘크리트의 강도를 신뢰할 수 있는 수준에서 추정이 가능하기 때문에, 콘크리트의 탈형 및 상부 재하 등을 조금 더 빨리 확인함으로써 콘크리트 관련 공기절감에 도움이 된다.

이와 관련된 기준으로는 ASTM C 1074 “Standard Practice for Estimating Concrete Strength by the Maturity Method”가 있으며, 이 기준은 콘크리트의 숙성도를 (1) 온도-시간 변수를 중심으로 표현하거나, (2) 등가재령으로 나타내는 두 가지 방법을 모두 허용하고 있다.

이 방법의 적용을 위해서는 사전에 사용 콘크리트에 대한 온도-시간에 의한 강도 곡선과 실제 공시체의 강도를 보정하여 식을 만들어 두고, 향후 현장에서 측정한 온도-시간 데이터를 이용하여 콘크리트의 강도를 추정한다(그림 4.14).

그림 4.13 **적산온도법에 사용되는 강도측정 장치**

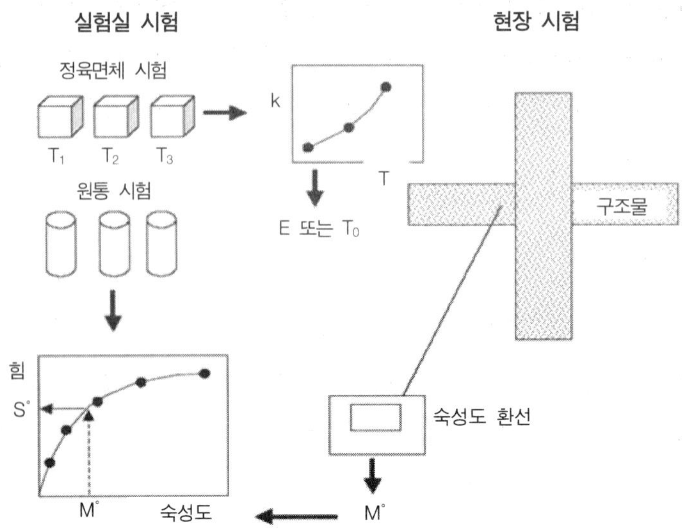

그림 4.14 **적산온도법**

4.7 강연선 긴장

텐던의 긴장은 포스트텐션 시공 단계에서 가장 중요한 작업이다. 긴장작업은 잘못 수행되면 위험한 상황을 유발할 수 있는 위험요소가 있으므로 주의가 필요하다. 강연선 긴장은 현장 상태에 보관한 구조체 관리용 공시체가 압축강도를 만족할 때, 정착구 주변의 콘크리트 강도의 대표값이 강연선 긴장을 위해 제시된 강도에 도달할 경우 시작할 수 있다(그림 4.15). 길이 9~35m인 텐던은 한쪽 단부에서 긴장하고, 텐던 길이 35~75m인 경우 텐던의 양쪽 단부에 긴장한다. 텐던의 길이가 9m 이하이거나 75m 이상인 경우 또는 텐던 곡률이 과도한 경우에는 정착손실(seating loss) 및 마찰손실량을 고려하여 적절한 유효긴장력을 설계에 반영해야 한다.

구조물에서 콘크리트의 근사적인 강도를 증명하기 위해 비파괴 방법을 사용할 수 있다. 이러한 방법은 정착구 주변의 콘크리트를 평가하기에 적합해야 한다. 건축물 포스트텐션 슬래브에서 콘크리트 강도는 시공도면이나 현장 시방에 별도의 표기가 없는 경우 콘크리트 강도시험을 통해 부분긴장(50% 긴장)의 경우 최소 15N/mm^2, 완전 긴장할 때 최소 21N/mm^{2}를 확보해야 한다. 단, 사용하는 정착구와 정착구 주변 철근 상세에 따라 위의 값은 달라질 수 있다.

강연선의 긴장은 다음 두 가지 방법을 동시에 적용하여 관리한다. 첫 번째는 긴장할 때 펌프의 게이지를 읽어 정착구에 작용하는 텐던의 힘을 알 수 있다. 이러한 긴장력 정보는 일반적으로 시공도면이나 텐던 긴장 테이블에서 제공된다. 두 번째는 현장 실측된 텐던의 신장량을 이용하여 계산에 의해 텐던의 힘을 파악할 수 있고, 이를 이용하여 현장에서 관리한다.

구조물 시공을 위한 개별 텐던의 신장량 테이블은 시공도면에 표현된다. 기준에서는 추정된 텐던의 장력과 측정된 신장량에 의해 계산된 총텐던의 평균 신장량이 7%의 오차범위 내에 있도록 제안하고 있다.

초기 긴장작업을 할 때 평균 신장량의 오차가 7%를 넘는 경우 원인을 확인한 후 필요한 조치를 취해야 한다. 텐던이 긴장되는 동안이나 텐던 긴장 후 마무리가 끝나기 전에 텐던과 정착구에 수분의 침투가 있어서는 안 된다.

(a) 강연선 긴장

(b) 강연선 절단

그림 4.15 **강연선 긴장과 절단**

4.7.1 안전관리

현장에 반입된 강연선과 긴장 관련 장비는 정상적으로 작동하는지, 게이지와 유압잭, 펌프는 정상적으로 보정이 되었는지, 그리고 유압호스와 연결부위는 누출의 흔적이 없는지 확인한다.

텐던의 긴장작업은 높은 긴장력과 텐던 신장을 유발하므로 작업할 때 사고발생을 방지하기 위해서 정착구나 긴장잭 바로 앞 또는 뒤쪽에서 작업하지 않아야 한다. 또한 긴장하는 동안에는 숙련된 작업자만 작업영역에 있는 것이 바람직하다.

긴장 전에 포켓과 정착구 주변의 콘크리트는 균열, 허니콤, 취약점 등을 점검하고, 정착구에 그리스, 기름, 이물질이 있는지 점검하고 제거하는 것이 좋다. 만약 텐던의 잉여분이 정착구 표면과 다른 각도로 있다든가 하는 문제점이 발견되면 긴장작업을 진행하지 않아야 한다. 엔지니어는 이러한 문제들을 점검해야 하고 문제가 발생하였을 때 보완작업을 수행해야 하며, 필요할 경우에는 정착구 주변의 콘크리트를 파취하여 정착구를 수정한다. 주변에 긴장된 정착구가 있는 경우에는 콘크리트를 파취할 때 주변의 정착구에 영향을 주지 않도록 주의한다. 이때 디텐셔닝 후 작업하는 것이 안전하다.

4.7.2 긴장 단계 및 긴장력 측정

1) 신장 단계 및 긴장력 측정

텐던 긴장작업은 현장감독관이 동의한 후 진행한다. 긴장은 콘크리트가 요구강도에 도달한 후 가능한 빠른 시점에 긴장한다. 텐던 긴장력은 보정된 압력게이지로 읽으면서 동시에 텐던 신장량을 주의 깊게 관찰하며 진행한다. 양단 동시 긴장작업은 위험하므로 두 팀 간의 의사소통과 협의하여 이루어지도록 하고, 양쪽 단부를 번갈아 가며 긴장하는 것이 안전하다. 긴장력의 직접적인 측정과 정확한 값을 위해 로드셀이 사용될 수도 있다. 그러나 텐던 신장량의 측정과 기록은 긴장되는 장소에서 반드시 동시에 이루어져야 하며 신장량은 2mm 이하의 정확도로 측정되어야 한다.

포스트텐션 슬래브에 사용되는 대부분의 잭은 스트로크가 200~300mm 정도이다.

길이가 긴 텐던을 긴장하기 위해 램 스트로크보다 신장량이 큰 경우 두 번이나 세 번의 스트로크에 의해 긴장한다.

2) 긴장할 수 없는 경우

정착구 내부의 원뿔형 슬리브 안쪽에 스며든 콘크리트는 정착구에 쐐기의 적절한 정착을 방해한다. 적절한 신장량을 확보하기 위해 과하중으로 긴장하지 않으며, 잭이 정착구에 적절하게 정착되지 않을 때, 그리고 잭이 신장되는 방향에 방해물이 있는 경우에는 긴장하지 않는다.

4.7.3 짧은 부재 긴장

정착손실에 의해 긴장력 손실이 많은 9m 이하의 짧은 텐던에서 긴장력 확보가 어려운 경우 다음과 같은 긴장력 단계로 작업한다.

(1) 설계할 때에 정착손실에 여유 있는 허용값을 적용한다.
(2) 몇 개의 텐던을 최대 긴장력, 즉 강연선 강도의 80%를 사용하여 긴장한다.
(3) 각각의 텐던에서 실제 정착손실을 측정한다.
(4) 측정된 정착손실로부터 각각의 텐던의 장력을 계산한다.
(5) 필요에 따라 나머지 텐던부터 보정된 긴장력을 사용한다.

긴장 단계는 천천히 정확한 긴장력과 신장량 측정을 필요로 한다. 강봉 시스템의 경우 나사형 앵커를 사용하면 정착손실이 없어 짧은 길이의 부재에 적당하다.

4.7.4 긴장할 때의 주의사항

긴장작업 동안에 발생하는 문제는 콘크리트 강도가 확보되지 않았거나 정착구 주변에 공극이 있어 적절한 지압력을 전달할 수 없는 경우이다. 또한 긴장 장비의 이상이나 쐐기의 정착이 이루어지지 않는 경우의 두 가지가 주요한 원인이다. 긴장할 때 발생한 문제를 수정하기 위해서는 강연선 잉여분이 절단되지 않아 잭에 강연선이 물릴 수 있는 경우에는 정착된 쐐기가 정착구에서 벗어날 때까지 긴장하여 디텐셔닝한다. 반복된 쐐기의 정착은 톱니 손상 원인이 될 수 있으므로 주의하여 작업을 진행해야 한다.

4.7.5 부적절한 신장량

측정된 신장량과 계산 신장량의 차이가 7%이거나 프로젝트 시방이나 시공도면에서 제한한 허용값을 넘는 오차가 발생한 경우 시공 방법이나 장비의 보정이 필요할 수 있다. 측정된 신장량이 계산된 값과 일관성있게 변하는 경우에는 원인을 확인하고 바로잡을 때까지 긴장작업을 중지한다.

예상된 값보다 작은 신장량은 부주의에 의하여 텐던에 콘크리트가 스며들어 부착이 발생했기 때문일 수 있다. 부착은 텐던의 긴장과 디텐셔닝의 반복에 의해 떨어질 수도 있으므로 텐던에 손상을 주지 않도록 조심스럽게 작업해야 하는데, 그런데도 부착이 떨어지지 않는 경우에는 엔지니어의 판단에 따라 적절한 조치를 취한다.

신장량이 예측된 값보다 큰 경우는 텐던이 항복하였거나 콘크리트 파괴(blow out)가 발생했음을 나타낸다. 과도한 신장량은 텐던 긴장력이 과하게 작용하였을 때 발생할 수 있다. 텐던에 과도한 긴장력이 작용될 경우 텐던파괴가 발생할 수 있으므로 주의해야 한다.

1) 쐐기 슬립

긴장 정착구에서 과도한 정착손실이 발생하는 경우, 텐던은 디텐셔닝되어야 하며 쐐기는 교체되고 텐던은 가정된 텐던의 인장력을 발휘할 수 있도록 재긴장한다. 결함이 있는 쐐기의 조합은 반드시 교체되어야 한다. 고정 정착구에서 쐐기 슬립에 의해 예상된 강연선 신장량과 다른 신장이 발생할 수 있다. 만약 설계내력이 손상된 텐던을 무시할 수 없어 교체해야 하는 경우 콘크리트를 파취하고 고정 정착구를 새로운 것으로 교체한 후 재긴장해야 한다. 인접한 텐던의 인장력에 충분한 여유가 있는 경우에는 손상된 텐던은 무시하고 인접한 텐던을 최대 인장력으로 긴장한다.

2) 파열(bursting)

인접한 긴장 정착구의 콘크리트가 압축력을 견딜만큼 충분히 강하지 못하거나 부적절한 정착구 구역 보강에 의해서 콘크리트가 손상되었다면 예상치 못한 과도한 신장량이 발생한다. 이러한 상태는 일반적으로 정착구 근처의 균열과 정착구의 변형으로 나타나며 과도할 경우 콘크리트 파열로 발전된다.

긴장하는 동안 정착구 구역의 콘크리트 파괴는 폭발성 손상이기 때문에 매우 위험한 문제이다. 정착구 주변의 콘크리트 공극이나 모래, 보강철근의 부족이 주된 원인이다. 잘못된 콘크리트 타설 구역은 파취하여 철거하고 양질의 고강도 콘크리트로 타설한 후 강연선을 재긴장한다.

3) 텐던 파괴

텐던의 끊어짐 파괴는 쐐기의 정렬 불량이나 과긴장력이 작용하거나 텐던의 내부손상이 원인이 되어 발생한다. 손상된 텐던을 교체하기 전에 끊어진 원인을 확인하는 것이 중요하다. 쐐기의 정렬 불량은 긴장 전 쐐기를 설치할 때 발생하는데, 이 경우에 강연선의 하나 또는 그 이상의 와이어에 응력이 집중되어 텐던이 파괴될 수 있다. 만약 강연선이 긴장되었고 쐐기가 텐던을 잡고 있는 경우 전문 엔지니어의 판단에 따른다.

텐던의 과하중은 장비가 적절하게 보정되지 않았거나 긴장 펌프의 유압 다이얼게이지가 잘못 읽어지는 경우 발생한다. 만약 쐐기가 과하중이 작용한 텐던을 잘 잡고 있는 경우에는 과하중이 작용한 텐던은 안전하다. 디텐션닝을 시도하다 텐던이 파괴될 수도 있으므로 엔지니어의 판단에 따라 필요한 경우에만 보수한다.

강연선의 손상은 부주의한 현장작업이 원인일 수 있다. 운반이나 양중, 그리고 설치작업 중의 부주의로 인해 텐던의 국부적인 찍힘이 발생할 수 있다. 콘크리트 타설을 할 때 진동다짐기의 부적절한 사용에 의해 손상이 발생할 수도 있고 인접한 콘크리트를 절단하거나 파취할 때 발생하기도 한다. 또한 콘크리트 양생 후 여러 부착물을 설치하기 위한 드릴링 작업 중에도 강연선 손상이 발생할 수 있다. 이러한 문제가 발생하지 않도록 철저한 시공관리가 필요하다.

4.8 그라우팅

4.8.1 일반 사항

부착 텐던의 주입 그라우트는 일반적으로 유동화제, 응결지연제, 팽창 혼화제 등을 포함한 시멘트 페이스트가 사용된다. 시멘트양을 줄이기 위해 소량의 고운 모래가 포함된 그라우트가 덕트가 큰 경우에 적용되기도 하지만 건축물에 사용하기에는 적합하지 않다. 유동화제는 물의 양을 줄이기 위해 사용되어 쉬스에 화학적 반응으로 남아 있는 물의 양을 줄이는 역할을 한다.

그라우트는 보통 7일 강도는 20N/mm^{2}보다 크고 28일 강도는 34N/mm^{2}를 확보하도록 설계된다. 부착 텐던은 가능하면 긴장 후 바로 그라우팅되도록 관리하는데 그라우팅은 영하의 날씨에는 적절하지 않다. 그라우팅은 약 0.5N/mm^{2}의 압력으로 펌핑된다.

4.8.2 그라우팅 작업 절차

긴장된 PS 강연선이 덕트 속에 배치되어 있다면 강연선의 부식을 방지하기 위해 가능한 빨리 그라우팅한다. 표 4.2는 덕트 속에 강연선을 설치한 후 그라우팅을 완료해야 하는 기간에 대한 기준이다.

표 4.2 **강연선 설치 후 그라우팅을 완료해야 하는 기간**

강연선 노출의 정도	기간
습도가 높거나 바닷가 주변 (습도 > 70%)	7일 이내
중간 정도의 습도 (40% < 습도 < 70%)	20일 이내
습도가 낮은 상태 (습도 < 40%)	40일 이내

임시방편으로 수용성 오일을 바르거나 덕트 속으로 수분이 침투되지 않도록 밀봉하여 지속적으로 건조한 공기를 주입하는 방법을 사용하여 그라우팅 시기를 조절할 수도 있다.

(1) 그라우팅 준비 작업

그라우트 작업 전에는 자재와 장비에 대해 확인한다.

(a) 대기온도, 시멘트 및 그라우팅제 등의 고결
(b) 사용하는 재료의 유통기간
(c) 물-시멘트 배합비
(d) 사용할 장비의 성능
(e) 그라우팅 주입부(주입구 및 배출구)의 결함 여부 및 밸브 작동 상태
(f) 덕트, 정착장치부, 그라우트 주입부 등의 청결 상태

그라우팅을 방해할 수 있는 물이나 이물질을 제거하기 위해 그라우팅 전에 압축공기를 덕트 속으로 분사한다.

(2) 그라우트용 재료의 보관

시멘트나 건조한 재질의 재료는 포대로 포장하여 건물, 저장소 또는 비바람을 막을 수 있는 접근성이 좋은 곳에 보관하고 온도가 0℃ 이하로 내려가지 않도록 주의한다. 온도가 높은 곳에 그라우트용 재료를 보관하면 그라우트가 늦게 굳기는 하지만 낮은 온도에서 보관한 재료에서 발생하는 과도한 블리딩 현상을 줄일 수 있다.

보관 중인 재료는 1개월을 넘지 않아야 한다. 시멘트가 덩어리져 있으면 적절한 배합을 할 수 없고 펌프의 작동을 방해할 수 있으며 그라우트를 덕트 속으로 밀어 넣는 작업이 어려워지므로 반품한다.

(3) 그라우트 주입

그라우트는 덕트를 완전히 메우고 PS 강연선이나 PS 강봉을 완전히 감싼다. 하나의 텐던에 대해 그라우트를 일정한 방향으로 계속적으로 주입해야 하는데 공기가 들어가 있지 않고 그라우트가 분리되지 않으면서 덕트를 완전히 메울 수 있도록 천천히 주입한다. 그라우트의 주입속도는 그라우팅제의 종류, 덕트 크기, 덕트 속의 PS 강연선

의 양, 덕트의 표면 상태(매끈한 또는 주름진 상태) 및 장비의 규격에 의해 결정된다. 그라우트 작업은 배합 후 30분 이내에 완료한다. 그라우트를 덕트 속에 완전히 메울 수 있다고 확신한다면 정착장치 쪽에서 주입할 수 있다.

(4) 그라우트 작업할 때 대기온도

4℃나 그 이하의 온도에서는 그라우트의 강도 발현에 상당한 방해를 받기 때문에 그라우트 작업을 삼가야 한다. 0℃ 이하에서는 덕트 속에 물이 응결되어 덕트가 손상되지 않도록 물을 완전히 제거하며, 추운 날씨에 그라우팅을 해야 한다면 응결방지 그라우트를 사용한다.

38℃ 이상의 대기온도에서는 그라우트의 온도가 32℃를 넘지 않도록 관리한다. 높은 온도에서는 공사를 수행할 수 있는 작업시간이 줄어들기 때문에, 부득이하게 높은 온도에서 그라우팅을 해야 한다면 작업 가능시간을 검토하여 필요할 경우 추가하여 장비를 투입한다. 높은 온도에서도 그라우트 작업을 할 수 있는 방법으로는 구조물이나 턱트 속의 온도를 낮추어 그라우팅하는 방법이 있는데, 온도를 낮추면 그라우트가 덕트 속에서 굳어지는 시간을 지연시켜 그라우트 작업을 가능하게 한다. 이외에도 그라우팅 전에 덕트 속을 얼음물로 씻어 내거나 서늘한 곳에 시멘트나 그라우팅제를 보관하여 배합하는 방법 및 배합할 때 사용하는 물에 얼음을 넣는 방법이 있다.

(5) 현장 시험

현장에서는 그라우트의 품질을 확보하기 위해 그라우팅 시험을 실시해야 한다. 현장시험은 다음의 3가지를 수행한다.

(a) 시운전

작업 절차, 그라우팅용 장비, 재료의 배합방법 및 그라우팅 작업자 능력평가 등을 확인함으로써 그라우팅할 때 발생할 수 있는 문제점을 확인하고 해결 방법을 찾을 수 있다.

(b) 실물 모형 시험

복잡하게 배치된 텐던, 새로운 유형의 덕트가 사용되거나 성공적인 그라우팅이 가능한지를 확인하고 싶을 때에는 실물에 가까운 크기의 모형 시험을 수행한다.

(c) 그라우트 품질 시험

그라우트 재료의 품질을 확인하기 위한 시험으로, 시험 방법은 KS F 4044 : 2004(수경성 시멘트 무수축 그라우트)에 준한다.

(6) 기타

그라우팅용 장비는 포스트텐션 시공업체마다 사용하는 장비가 다르고 그 규격이 상이하므로, 이 절에서 제시하는 최소한의 기준을 만족하면 된다. 그러나 장비 이외의 재료, 보관, 그라우트 주입 및 그라우팅 작업을 할 때의 대기온도 등에 대해서는 반드시 숙지한다.

4.9 긴장단 포켓 마무리

긴장과 그라우팅 작업이 만족스럽게 끝난 후 강연선 잉여분은 절단기를 사용하여 일반적으로 쐐기면에서 약 20~25mm 내외의 길이가 남도록 절단한다. 정착구의 모든 노출면은 부식 방지를 위한 조치가 필요하다. 건조된 상태의 강연선 단부와 정착구 쐐기는 그리스가 충전된 캡으로 밀봉한다. 포켓은 적절한 무수축 시멘트 모르타르로 마무리한다(그림 4.16).

(a) 강연선 절단 후

(b) 무수축 모르타르 마무리

그림 4.16 **긴장단 마무리**

4.10 건축 포스트텐션 시스템 시공 사례

4.10.1 주거용 건물의 포스트텐션 시공 사례

국내 주거용 건물에 적용된 포스트텐션 시공 사례는 2005년 말에 착공하여 2009년 5월에 준공한 P프로젝트가 있다(그림 4.17).

그림 4.17 **현장 전경**

이 건물은 지하 6층 지상 39층 규모의 주상복합건물로 지상 1~6층까지 상업시설 및 주차장으로 계획되었으며, 지상 7~39층은 주거공간으로 설계되었다. 비부착 방식의 포스트텐션 공법이 주거부분에 적용되었다.

1) 포스트텐션 시스템 적용

(1) 기준층 포스트텐션 시스템 적용

울산 P프로젝트는 지상 9~36층까지 28개 층의 주거부분을 포스트텐션 시스템이 적용된 플랫슬래브 바닥판으로 시공하였다(그림 4.18).

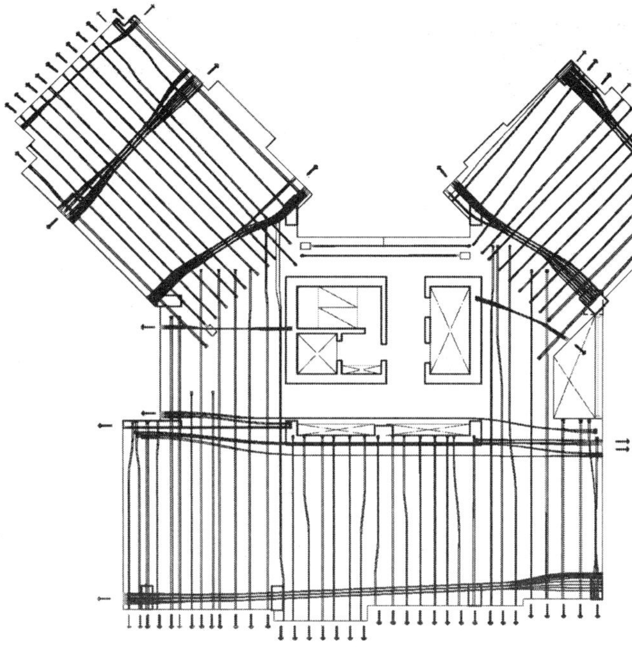

그림 4.18 **기준층 텐던 배치도**

텐던의 수평배치형태는 시공할 때 발생하는 텐던의 간섭을 최소화하기 위해 분산배치와 집중배치가 교차하도록 계획되었다. 분산배치 텐던의 수량은 길이 2.1km에 약 1,650kg톤의 텐던이 배치되었고 집중배치 텐던은 1.29km에 약 1,430kg의 텐던이 사용되었으며 기준층에 사용된 텐던 정착구는 426개가 사용되었다. 바닥 슬래브 면적은 약 805m^{2}이며 층당 약 3,070kg의 텐던이 사용되었다. 이는 면적당 텐던 3.8kg/m^{2}에 해당한다. 분산배치 텐던은 직경 12.7mm가 사용되었고 집중배치 텐던은 15.2mm를 적용하였다.

(2) 포스트텐션 전이층 적용

37~39층은 하부층과 달리 전단벽 시스템으로 설계되고 전이층은 포스트텐션 전이층(transfer plate)으로 계획되었다(그림 4.19).

모든 상부층의 하중은 전이층의 벽체 위치에 하중으로 작용시켜 설계에 반영하였다. 일반적인 포스트텐션 전이층의 경우 상부층 공사가 진행됨에 따라 재하되는 하중이 증가되기 때문에 단계별 긴장이 고려되어야 한다. 그러나 P프로젝트의 경우 전이층이 지지하는 층수가 3개 층뿐이어서 한 번에 전체 긴장력을 도입하더라도 슬래브

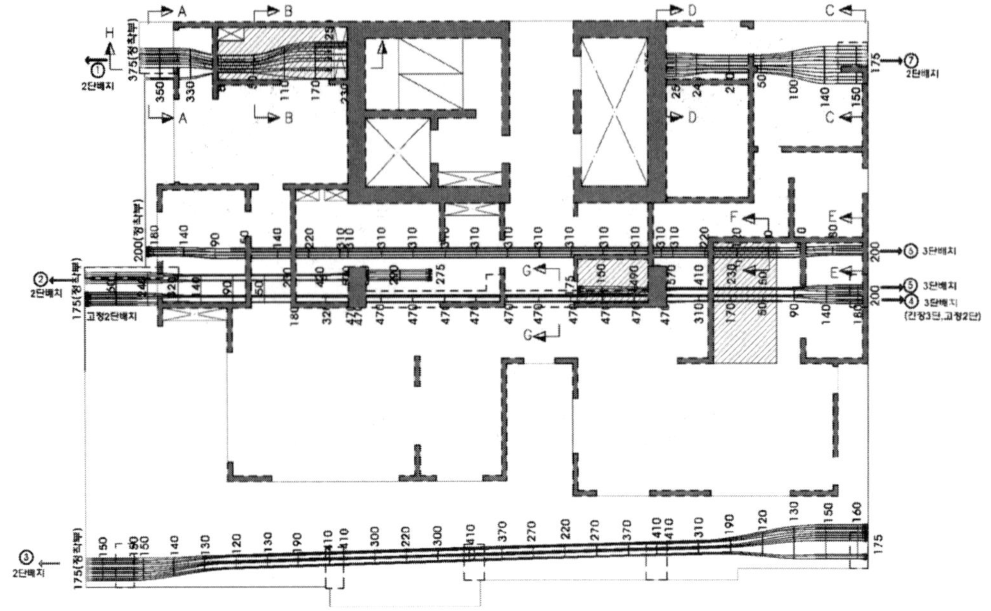

그림 4.19 **전이층 집중배치 텐던 배치도**

자중만으로 지지가 되기 때문에 별도의 순차적 긴장(staged jacking)은 계획되지 않았다.

포스트텐션 전이층은 상부 벽체 하중이 작용하는 실내부분은 두께 700mm로, 실외 조경부분은 −200mm 단차로 인해 두께 500mm로 계획하였으며, 전이층 강연선은 15.2mm를 사용하였다. 슬래브 깊이가 크고 텐던 가닥수가 많아서 단부 정착구를 3열로 배치하였다. 집중배치 텐던 2,171m, 분산배치 텐던 2,282m가 사용되었다.

4.10.2 일반 건물의 포스트텐션 시공 사례

1) 포스트텐션 슬래브 적용

이 건물의 일반 사항은 표 4.2에 나타난 바와 같으며, 특히 이 건물은 문화재 보호구역에 위치하고 있어 최대 높이를 제한받아 층고를 최소화하는 것이 구조시스템 결정의 최우선 과제가 되었고, 다음과 같은 검토를 통하여 포스트텐션 플랫슬래브 구조를 도입하였다(그림 4.20).

표 4.2 **T 프로젝트의 건물 현황**

건물명	T 프로젝트
위치	서울시 종로구 중학동 14번지 일대
규모	지하 8층, 지상 17층(지상 2층 바닥 이상 PT 적용)
PT 적용	PT 슬래브

(a) 건물 전경

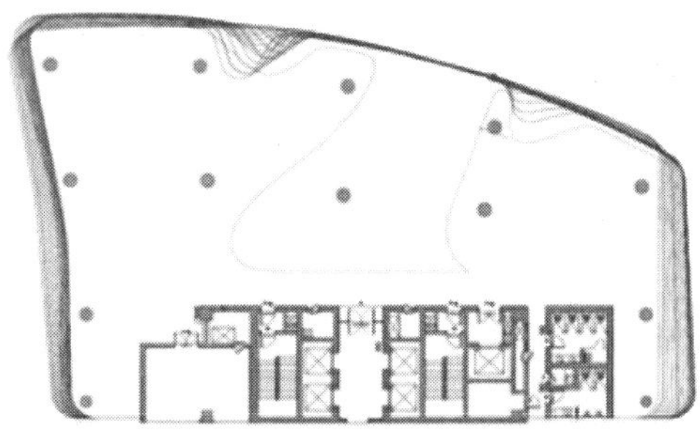

(b) 기준층 슬래브 외곽라인의 변화

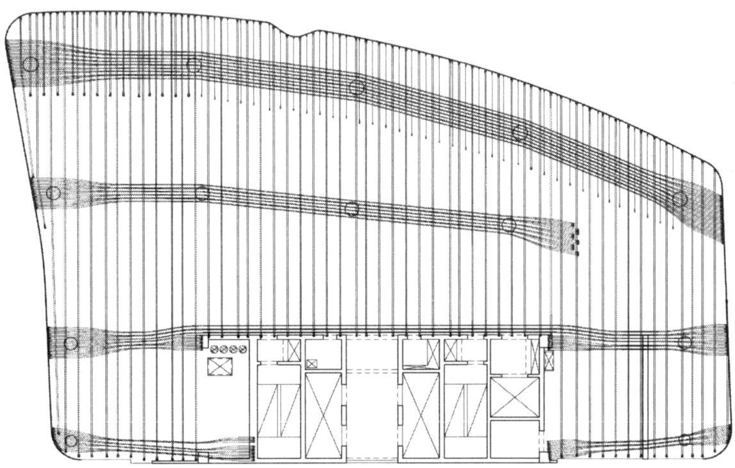

(c) 지상 11층 텐던 배치도

그림 4.20 **시공 사례 전문**

내부경간이 8~10.5m, 캔틸레버가 3~4m인 조건에서 기준층 층고는 3.66m, 천장고는 2.6m였다(표 4.3). 나무와 같은 형상을 구현하기 위하여 슬래브 외곽선이 변화하도록 계획되었으며 형틀은 기본적으로 알루미늄 거푸집을 이용하였다(그림 4.21).

표 4.3 **층고 비교**

구분	RC골조	철골골조(steel frame)	포스트텐션 플랫슬래브
층고 비교	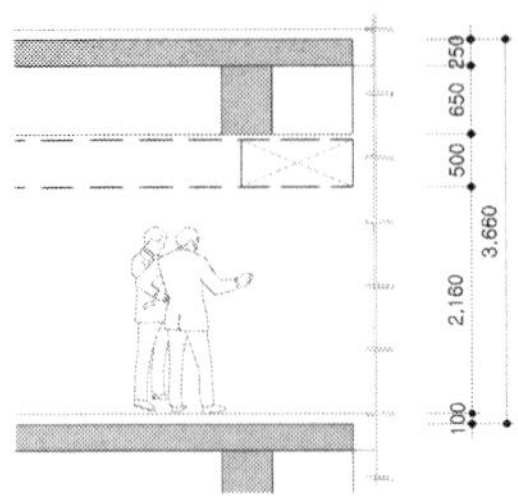	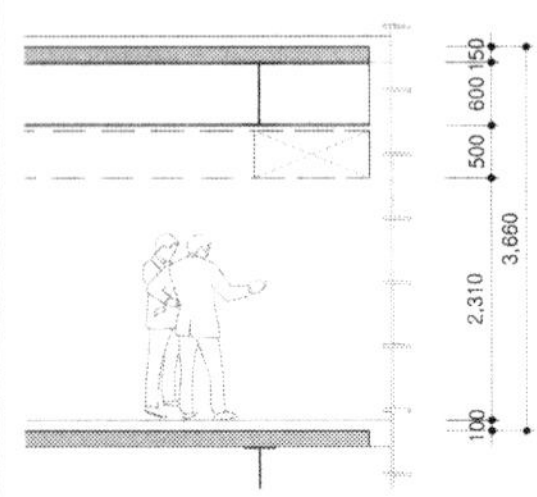	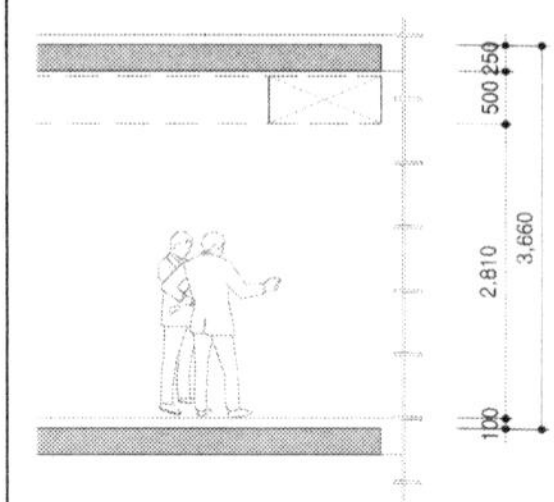
구조체 높이	900mm	750mm	250mm
천장고	2,160mm	2,310mm	2,810mm
적용			○

(a) 외부 가설 및 동바리 존치

(b) 슬래브 외곽선 변화에 대응하기 위한 형틀

그림 4.21 **거푸집**

2) 장경간 포스트텐션 보 적용

이 건물은 표 4.4에서 보듯이 지상 5층의 영업장 건축물로서, 특히 이 공사는 기존 건물을 증축하는 공사로서 포스트텐션이 적용된 건물은 기존 건물과 연결되어 신축되는 영업장 건물이다(그림 4.22). 영업장은 당초 경간 20~24m로 계획되었으나 공간 활용도 증대를 위해 경간이 30m로 증가하였다. 장경간 구조를 구현하기 위해 철골 트러스와 포스트텐션 보가 대안으로 제시되었으며, 경제성과 사용성 측면에서 포스트텐션 보(직경 15.2mm, 비부착식)가 최종안으로 적용되었다.

표 4.4 **C 프로젝트의 건물 현황**

건물명	C 프로젝트
위치	강원도 정선군 사북읍 사북리 424번지외 20필지
규모	지상 5층(지상 4층~지붕 PT 적용)
PT 적용	PT 보

(a) 조감도

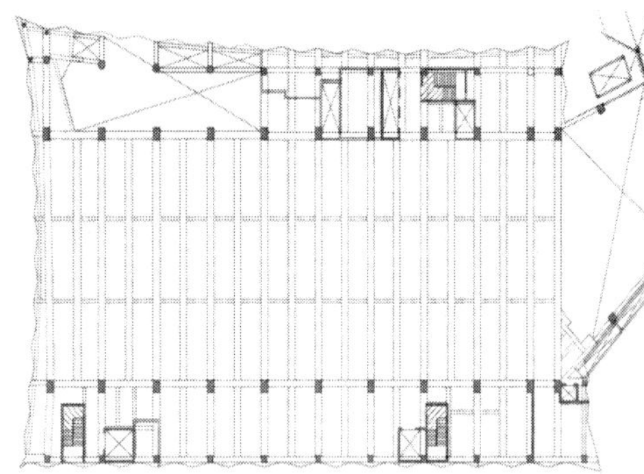

(b) 지상 4층 구조평면도

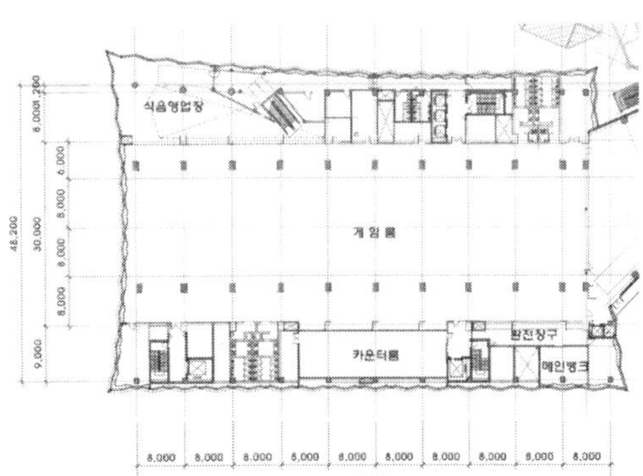

(c) 기존안(내부기둥 존재)

(d) 변경안(내부기둥 삭제)

그림 4.22 **증축 건물 시공 사례**

30m의 장경간의 슬래브를 지지하기 위한 포스트텐션 보의 크기는 1,000mm×1,600mm로 설계되었고 보 1개당 평균 20가닥의 강연선이 배치되었다(그림 4.23과 4.24).

그림 4.23 **영업장 포스트텐션 시공 전경**

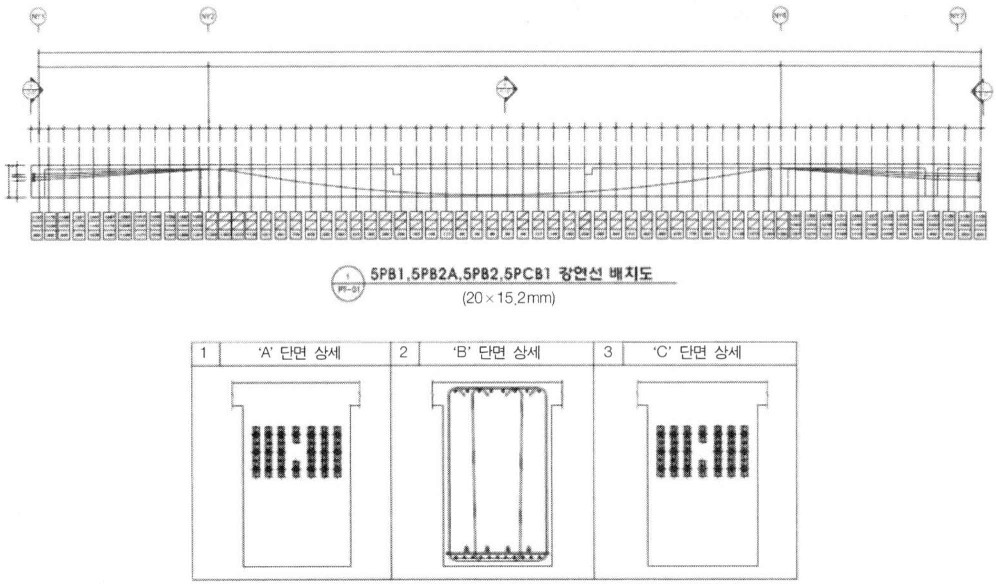

그림 4.24 **텐던 배치도**

3) 포스트텐션 보와 캔틸레버 보 적용

이 건물의 일반 사항은 표 4.5에 나타난 바와 같으며, 특히 방송통신시설 및 업무시설을 주 용도로 하며, 기본 모듈은 13.6m×12.3m이다(그림 4.25와 4.26). 도시환경정비계획에 의한 고도제한으로 건물의 최고 높이가 70m 이하로 제한되어 무엇보다 경제적인 층고계획이 필요하였다. 또한 일부 층에는 자연채광 및 환기를 도입하기 위한 eco shaft를 사무공간 좌우 측에 배치하였는데 이는 캔틸레버 구조로 계획되었다. 낮은 보의 깊이가 600~700mm임에도 불구하고 균열, 장기처짐 등에 있어 만족스러운 사용성 성능과 안전성 성능이 필요하여 포스트텐션을 적용하게 되었다.

표 4.5 **Y 프로젝트의 건물 현황**

건물명	Y 프로젝트
위치	서울특별시 종로구 수송동 85-1번지 일대
규모	지하 4층, 지상 17층(지상 2층 바닥 이상 PT 적용)
PT 적용	PT 보

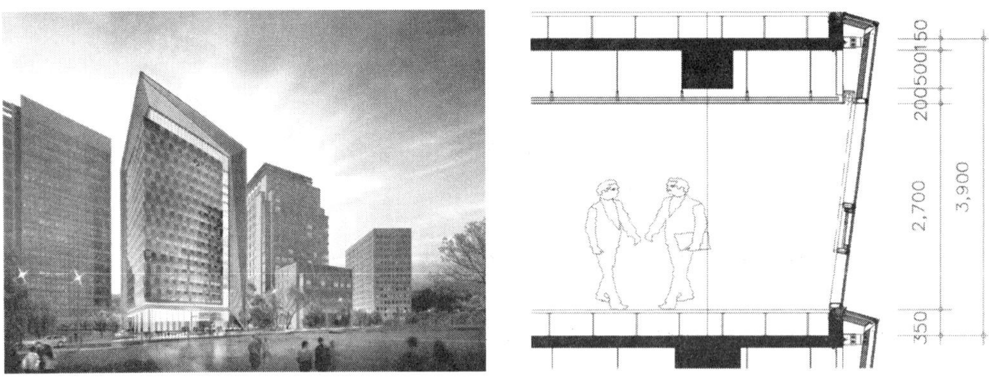

(a) 조감도 (b) 단면도

그림 4.25 **Y 프로젝트 건물 시공 사례**

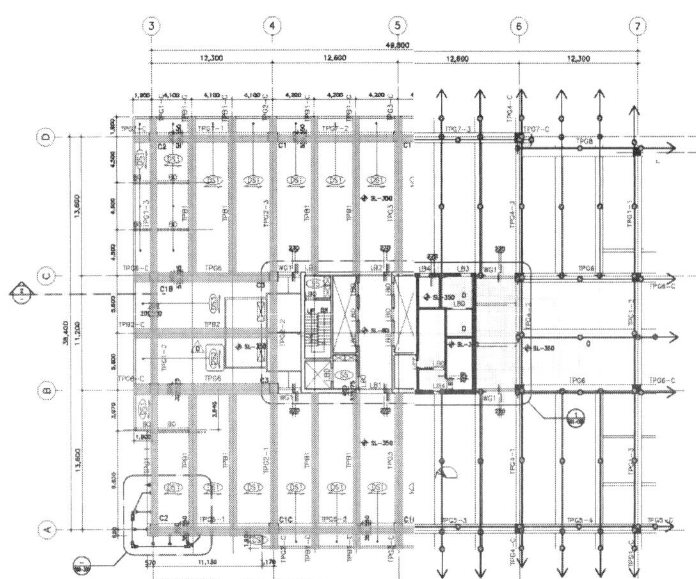

그림 4.26 **구조평면도 및 텐던 배치도**

기준층 내부 보의 깊이는 건축계획에 의해 600mm로 제한되어 강도설계에 의해 결정된 크기의 일반 철근콘크리트 보로 장기처짐을 검토한 결과 허용값을 초과하였다(그림 4.27과 4.28). 처짐을 만족시키기 위해서는 보폭의 증가가 필요하고, 이 경우 자중의 증가로 인한 지진하중이 증대하는 등 경제성 및 건축계획적 측면에서 비합리적이라고 판단되었다. 포스트텐션을 적용하여 13.6m 경간방향의 경우 15.2mm 강연선 12가닥을 배치하였고 최소의 단면(700mm×600mm)으로 만족스러운 구조성능을 확보할 수 있었다.

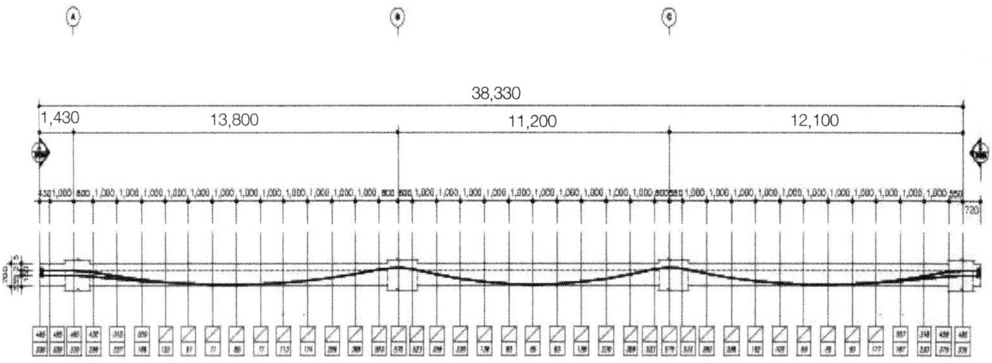

그림 4.27 **텐던 배치 형상(profile)**

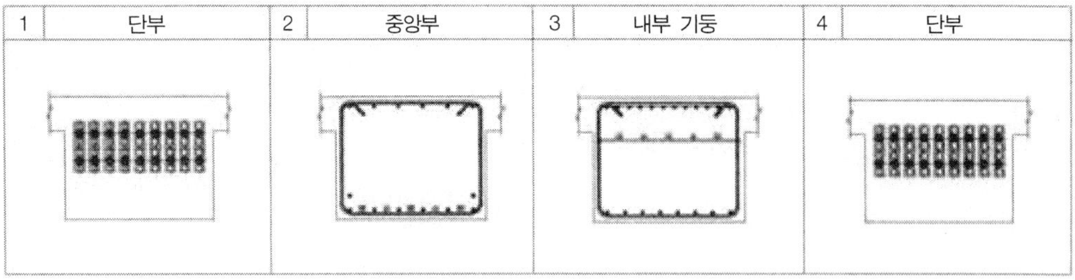

그림 4.28 **포스트텐션 보 단면**

4) 포스트텐션 보와 거더 적용

이 건물의 일반 사항은 표 4.6에 나타난 바와 같으며, 특히 해당 건물은 연구시설을 주 용도로 하는 14.0m×8.4m의 기본 모듈을 가진 건축물로서 포스트텐션 작은 보와 큰 보 시스템이 적용되었다(그림 4.29과 4.30). 구조설계의 중점사항은 구조 안전성 외에 사선제한으로 인한 건물 높이의 제한이었다. 제한된 층고로 천장고 확보, 높은 수준의 진동성능 및 제한된 공기를 고려한 시공성의 향상을 중점적으로 검토하였다.

장변의 길이가 14.0m인 기준층은 층고가 4.2m로 요구사항인 2.8m의 천장고를 확보하기 위해 복부 개구부를 가진 철골조도 검토대상이었으나, 공사비가 고가일 뿐 아니라 설비덕트 공사가 번잡하여 600mm의 보 깊이를 가진 포스트텐션 보 시스템을 적용하였다.

포스트텐션 시스템의 적용은 최종 설계안과 같은 데크 슬래브+포스트텐션 작은 보와 큰 보 시스템과 포스트텐션 슬래브+포스트텐션 보 시스템을 각각 검토하였으나, 제한된 공기로 인해 시공 편의성을 고려하여 시공사와 협의 후 슬래브는 데크 슬래브를 적용한 포스트텐션 작은 보와 큰 보 시스템으로 평면을 계획하였다.

표 4.6 **R 프로젝트의 건물 현황**

건물명	R 프로젝트
위치	경기도 수원시
규모	지하 5층, 지상 27층 (지상 6층 바닥 이상 PT 적용)
PT 적용	PT 보

그림 4.29 **건물 전경**

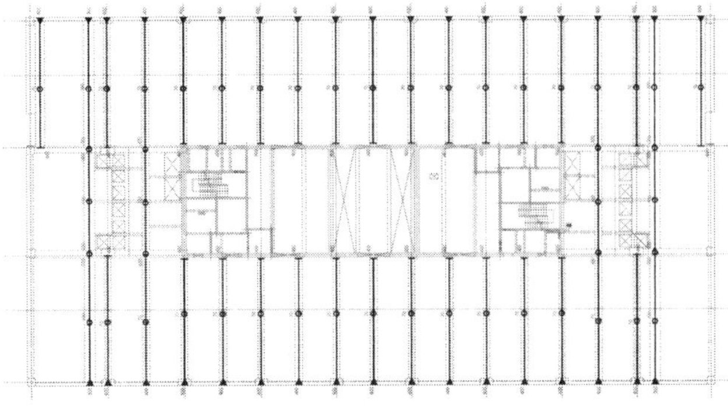

그림 4.30 **기준층 텐던 배치도**

사용성과 관련하여 일반적인 사무실보다 높은 수준의 진동성능이 요구되었는데, 포스트텐션 시스템을 적용함으로써 4인 보행기준 예측 응답이 1.0gal 수준으로 철골구조에 비해 우수한 진동성능을 실현하였다(그림 4.31).

또한 공기 단축을 위한 코어 선행공법 적용으로 코어벽체 측 접합부는 보의 휨응력 및 전단력을 지지하는 철근 외에 코어벽체와의 다이어프램 및 정착구 후면에 발생할 수 있는 인장력을 고려하여 다월 철근을 산정하였다(그림 4.32).

최종 설계결과 2개동에 각각 22개의 층에 포스트텐션이 적용되었는데, 이때 15.2mm의 비부착 방식의 강연선을 사용하였고 1개동이 각 층당 약 10,500kg (약 4.3kg/m^2)의 강연선이 사용되었다.

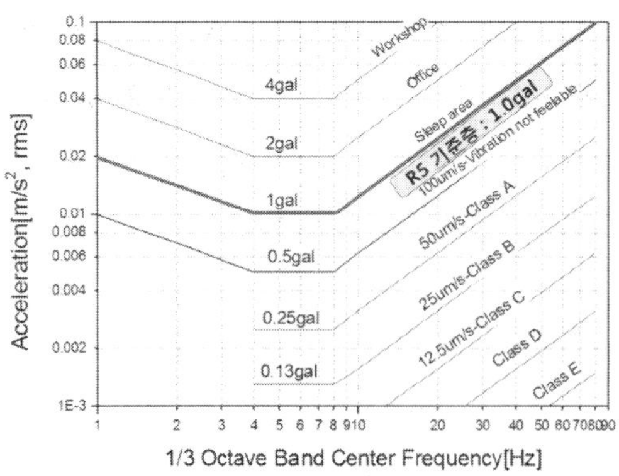

(a) 환경 진동 관련 기준(KS B ISO 2631-2 : 2009)

고유 진동수	동강성(m/s^2)	응답 예측
6.18Hz	1.74 E-4	1.0gal

(b) 기준층 진동 사용성 평가

그림 4.31 **진동성능 평가**

(a) 코어벽체 측

(b) 기둥 측

그림 4.32 **정착구 보강**

4.11 기타 시공 관련 상세 예시

건축 포스트텐션 시스템에서 자주 사용되는 시공 관련 상세의 몇 가지를 다음에 예시하고 있다. 이하의 상세는 참고용이며 각 포스트텐션 시공업체의 상세가 우선한다.

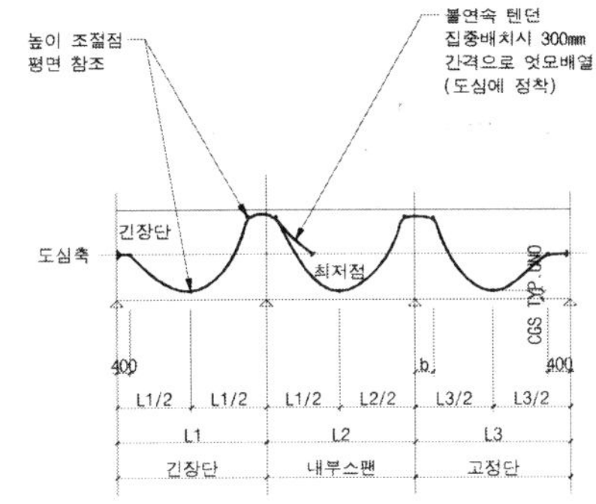

NOTE: 지점부의 일직선 텐던길이(b)

위치	b(mm)	
	L<4900mm	L>4900mm
기둥	0	600
벽	0	300

1-1 부분 포물선형 텐던 배치 형상

NO SCALE

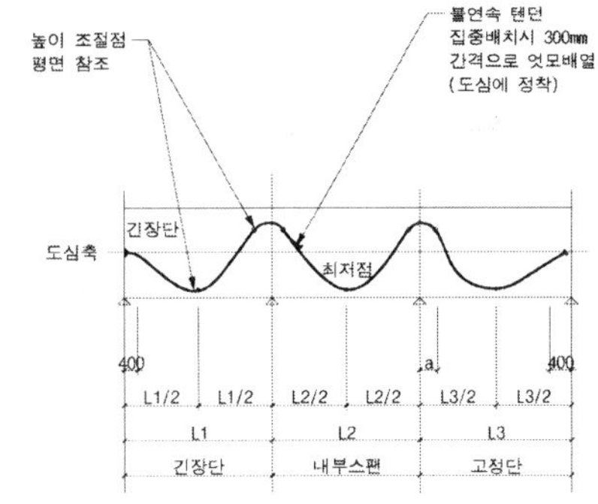

NOTE: a = 0.1 L

1-2 역 포물선형 텐던 배치 형상

NO SCALE

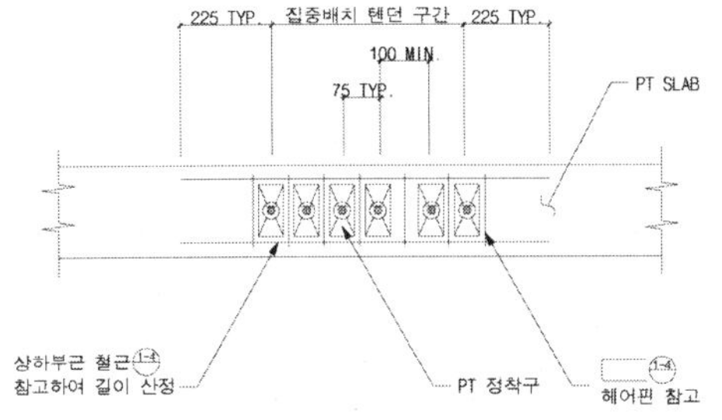

슬래브 단부 입면

1-3 슬래브 단부 또는 중간 긴장부에서 집중배치 텐던의 보강 상세

NO SCALE

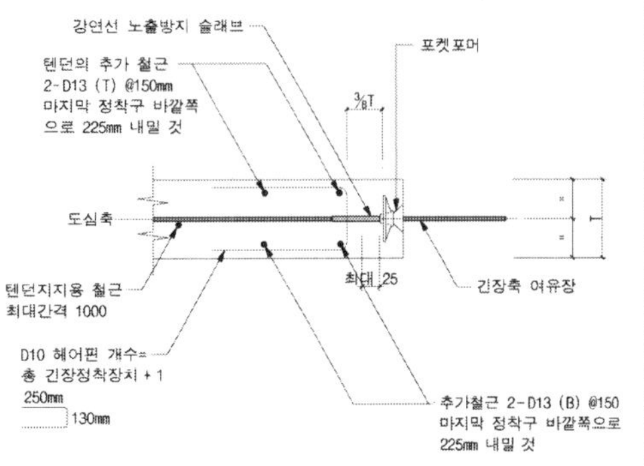

NOTE: 강연선의 노출부를 덮어주는 슬리브가 있을 경우 25mm를 초과할 수 있음.

1-4 집중배치 텐던에서 긴장 정축부의 추가철근 D13과 헤어핀 상세

NO SCALE

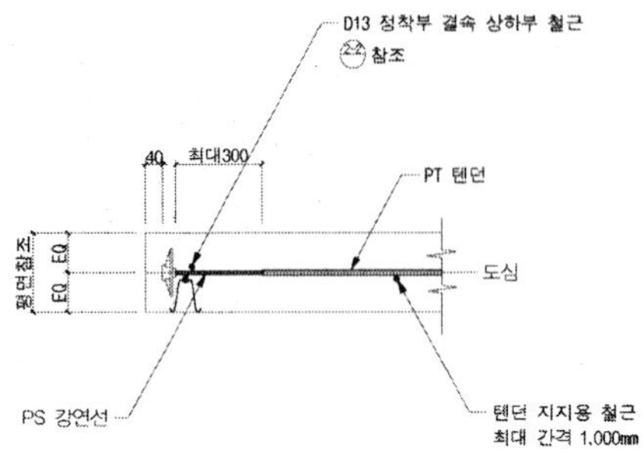

2-1 분산배치 텐던의 고정 정착부

NO SCALE

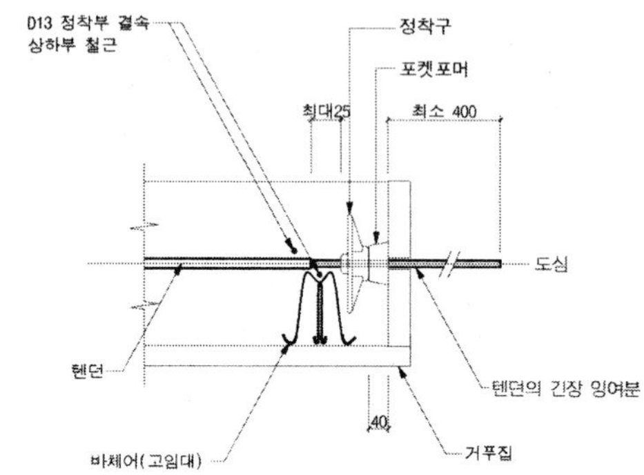

2-2 분산배치 텐던의 긴장 정착부

NO SCALE

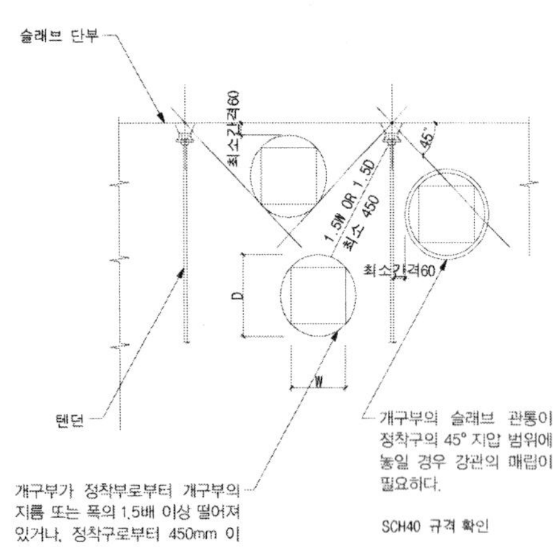

2-3 긴장정착부 주위의 개구부 상세

NO SCALE

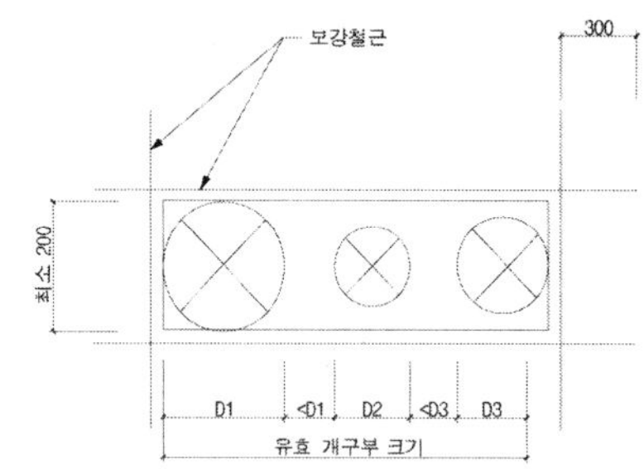

슬래브 속에 묻히는 각종 인서트들이 두 개 이상 서로 근접할 경우 복합 개구부로 고려한다.

- 유효 개구부의 크기가 300mm보다 작을 경우 보강 철근은 필요하지 않다.
- 유효 개구부의 크기가 300mm 이상 600mm 이하일 경우 다음과 같이 보강 철근을 사용한다. 1-D16 T & B, 300mm 이상의 연장 길이를 가져야 한다.
- 사방향 철근은 필요하지 않다.
- 복합 개구부의 크기가 600mm 이상일 경우, (2-1) 참조

2-4 슬래브에 매립되는 설비배관 상세

NO SCALE

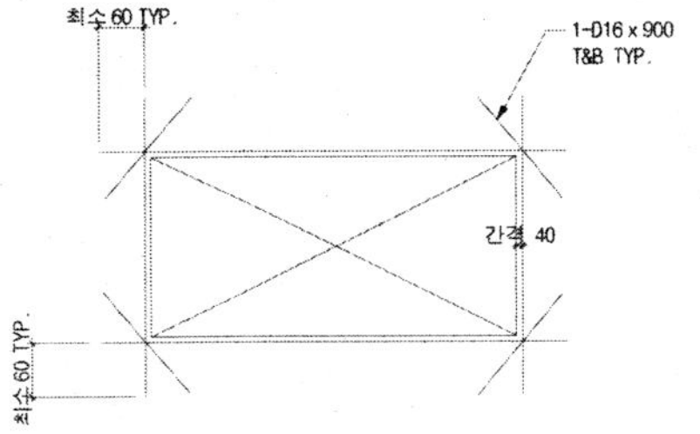

NOTES:
1. 300㎜ 이상인 모든 개구부는
상기 그림처럼 보강되어야 한다.
2. 상기 철근은 평면상에 나오는
철근 외에 추가되는 철근이다.

최대치수	보강 철근
300㎜ ~ 450㎜	1-D16, 양방향
450㎜ ~ 750㎜	1-D16, T & B, 양방향
750㎜ 이상	2-D16, T & B, 양방향

3-1 개구부 보강근 (평면도 확인)

NO SCALE

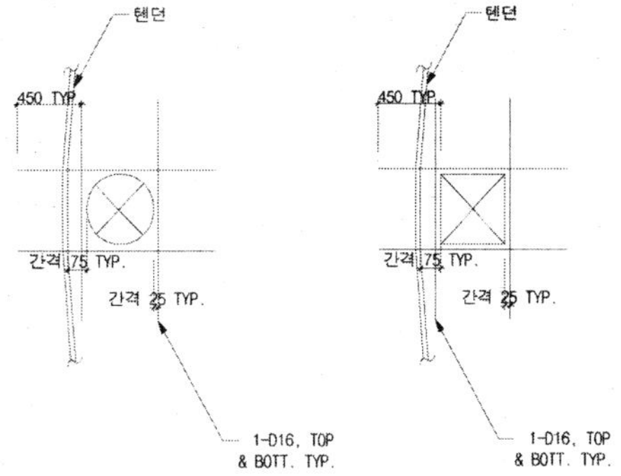

NOTES:
슬래브 개구부 크기 250㎜-600㎜인 경우의 보강
상기 치수 이하인 하나의 개구부는 보강하지
않아도 된다.
상기 치수보다 큰 경우 (3-1)을 참조한다.

3-2 슬래브 개구부가 작은 경우의 보강

NO SCALE

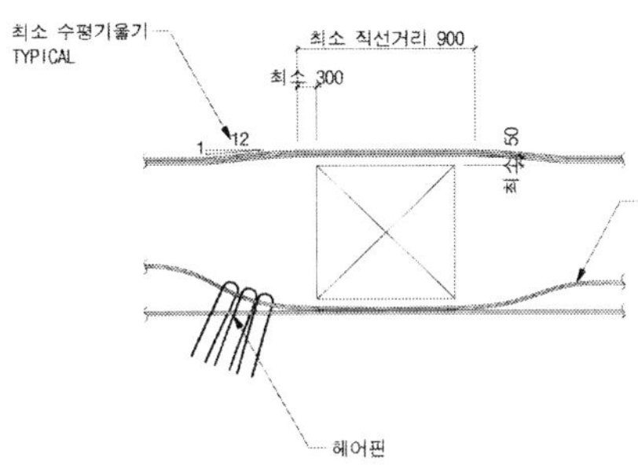

NOTES: 텐던의 곡률은 1:12를 넘지 말아야 한다.

3-3 600㎜ 이상인 개구부의 텐던 배치

NO SCALE

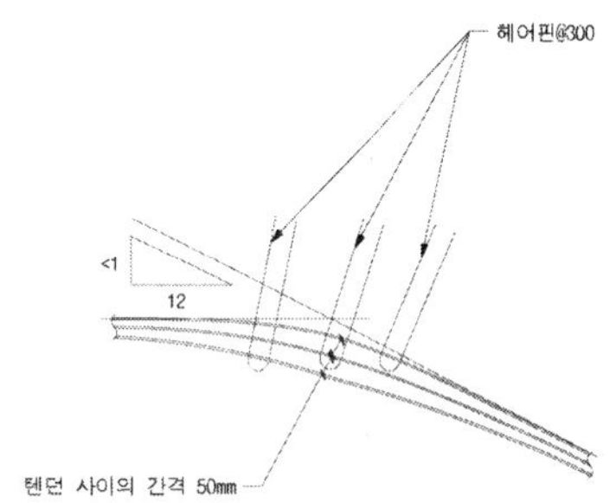

NOTES: 텐던의 곡률이 1:12가 넘는 경우
1. 꺾이는 곳에서 텐던을 최소 50㎜ 띄움
2. 헤어핀을 배치

3-4 곡률이 1:12가 넘는 텐던의 배치

NO SCALE

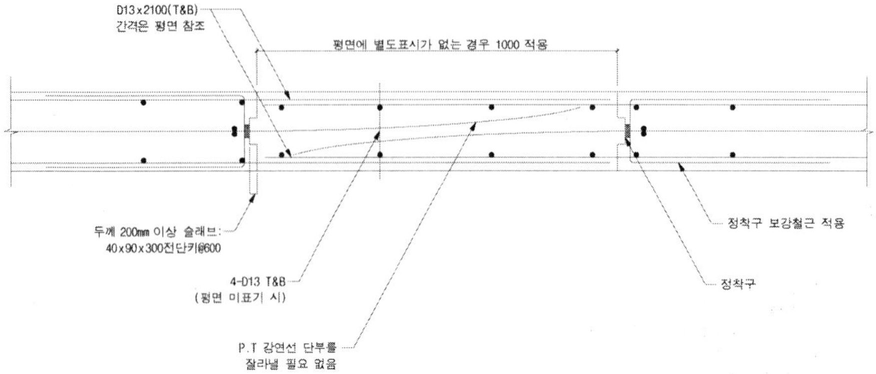

NOTE:
1. 수축대는 강연선 긴장 후 최소 30일 동안 열려 있어야 함.
2. 슬래브/보의 단부는 수축대 콘크리트가 설계강도의 75% 발휘할 때까지 동바리를 유지하여야 한다.

4-1 수축대(Pour strip)상세
NO SCALE

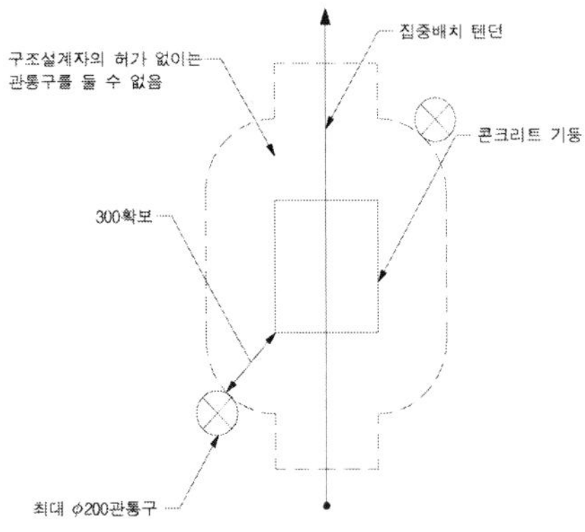

4-2 기둥위치의 슬리브 관통 제한
NO SCALE

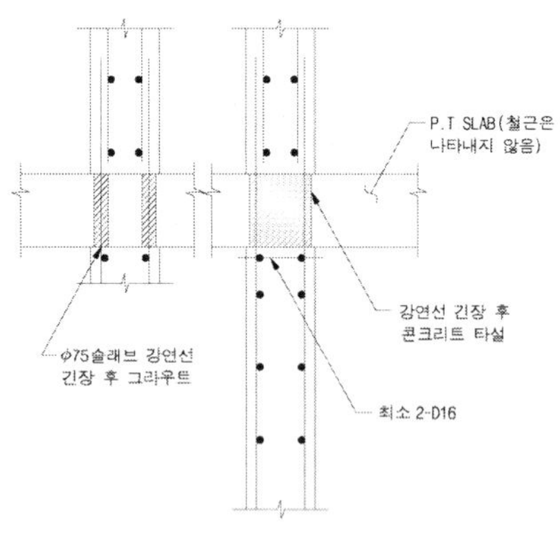

NOTES:
1. 긴장방향에 평행한 코어/전단벽이 두 곳 이상일 경우 슬래브에 선행 압축응력이 전달되도록 벽-슬래브를 Release하기 위한 상세임.
2. 구조평면에 지시된 위치에 본 상세를 적용할 것.

4-3 전단벽-PT슬래브 접합부
NO SCALE

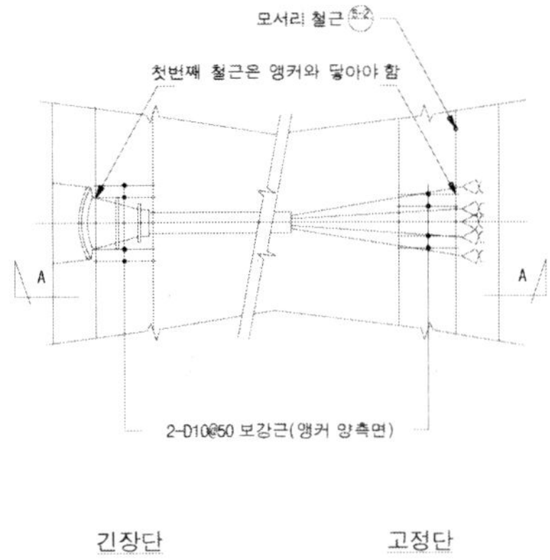

5-1 부착식 PT공법 슬래브 앵커-평면

NO SCALE

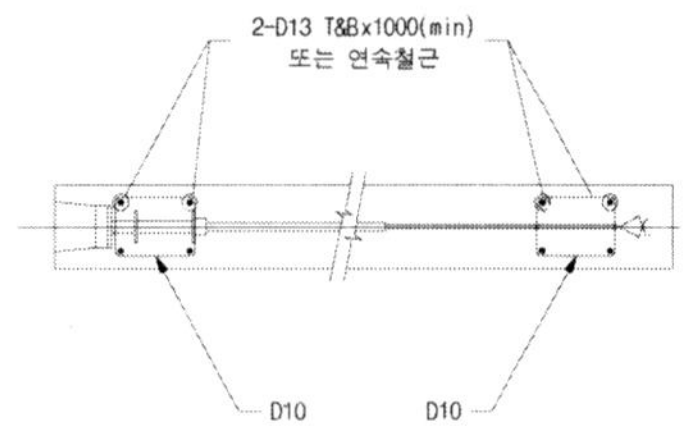

슬래브 정착구

TYPICAL - 5,4,3 x 12.7 DIA & 4 x 15.2 DIA

5-2 부착식 PT공법 슬래브 앵커-단면

NO SCALE

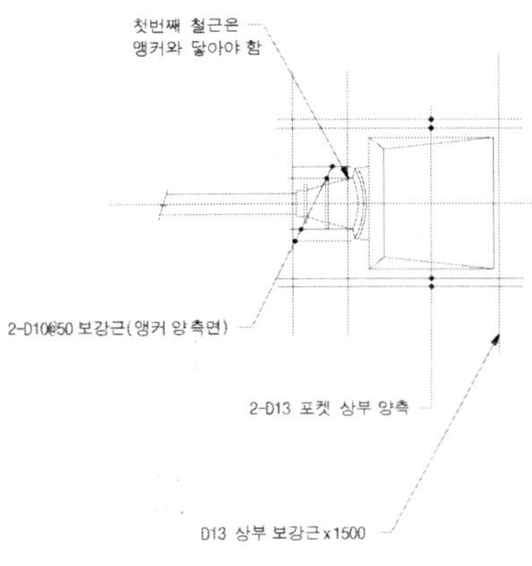

5-3 부착식 PT공법 슬래브 앵커-상향긴장 포켓(평면)

NO SCALE

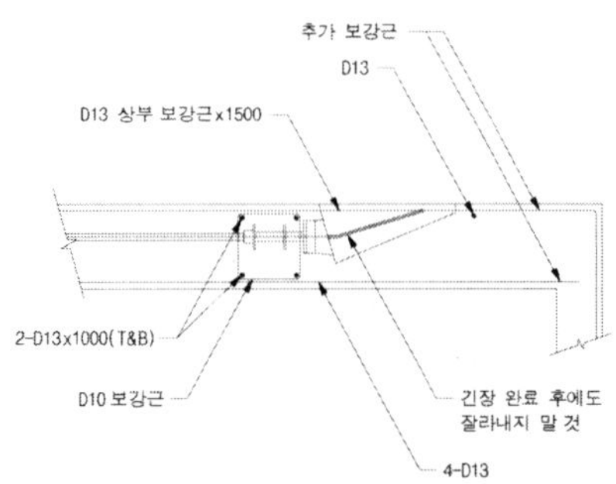

상향 긴장 포켓(두께 210mm 이상)

TYPICAL 5,4,3, x 12.7 DIA

5-4 부착식 PT공법 슬래브 앵커-상향긴장 포켓(단면)

NO SCALE

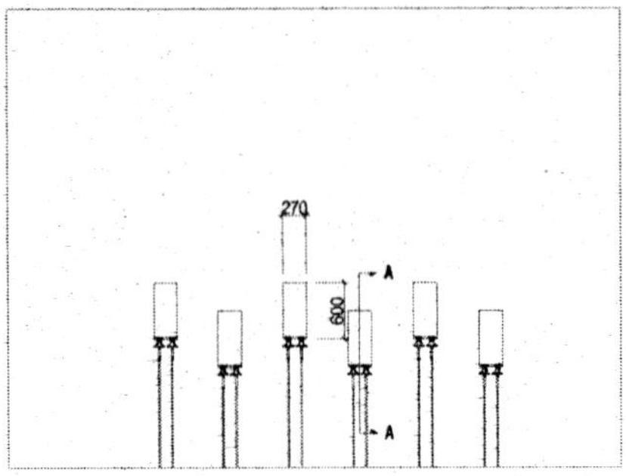

6-1 비부착 방식 상향긴장 Pocket 배치도

NO SCALE

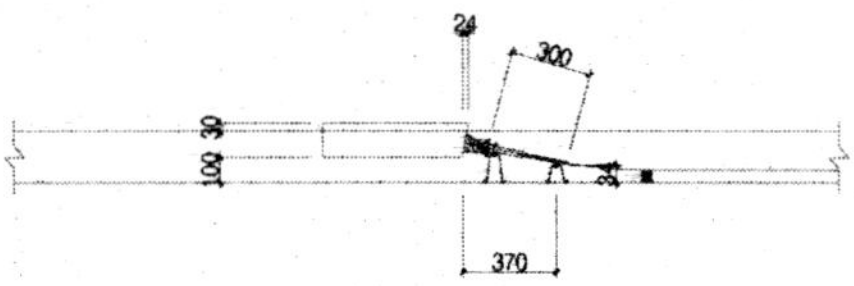

6-2 SECTION A-A & 보강철근 배치도 1

NO SCALE

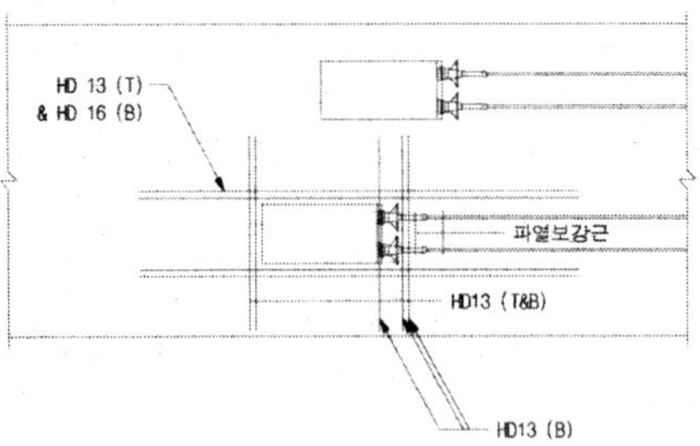

6-3 보강철근 배치도 2

NO SCALE

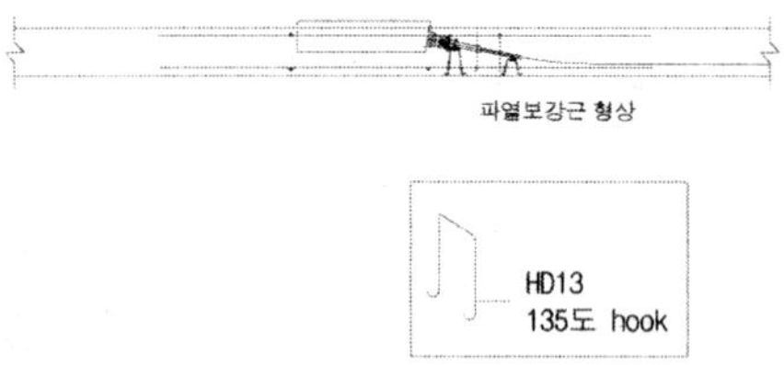

*상향긴장 Pocket 주변 보강근은
상하부근과 동일한 높이로 배근

6-4 보강철근 배치도 3

NO SCALE

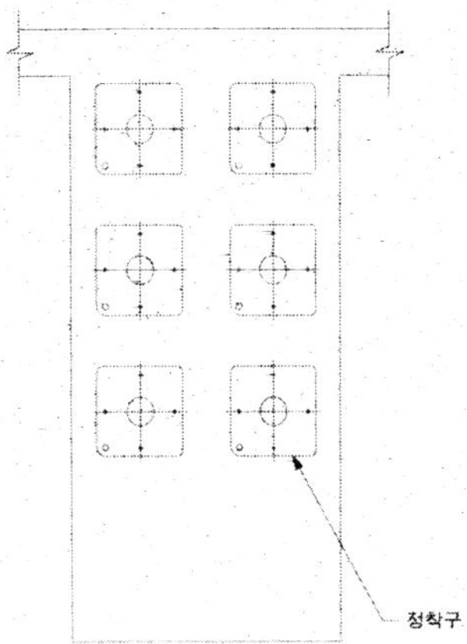

7-1 부착식 PT공법의 보 단부 정착구 배치
NO SCALE

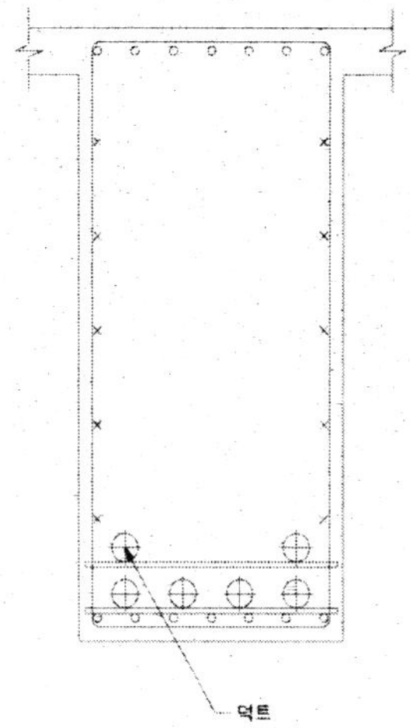

7-2 부착식 PT공법의 보 중앙부
NO SCALE

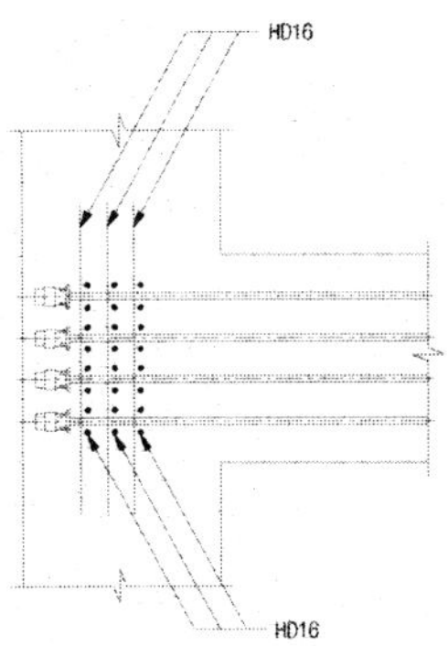

7-3 비부착식 PT보 단부 평면 상세도
NO SCALE

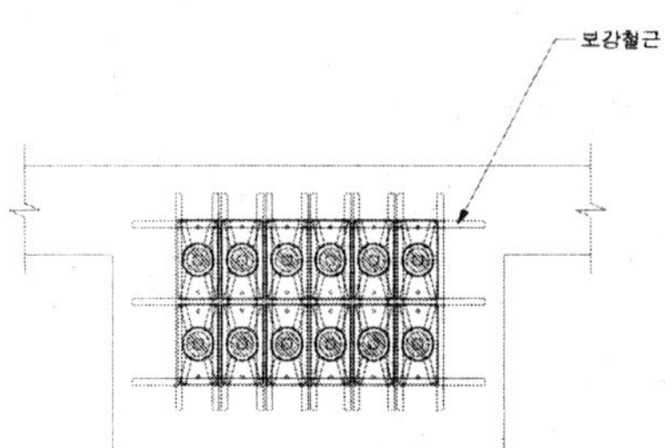

7-4 비부착식 PT보 단부 정착구 배치
NO SCALE

참/고/문/헌

1) 기술표준원, 금속 재료의 브리넬 경도 시험 방법 KS D 0805 : 2000, 기술표준원 고시 제2005-0982호, 한국표준협회, 2000.

2) 기술표준원, PC 강봉 KS D 3505 : 2002, 기술표준원 고시 제2002-1532호, 한국표준협회, 2002.

3) 기술표준원, 철 및 강의 스파크 방전원자 방출 분광 분석 방법 KS D 1652 : 2007, 기술표준원 고시 제2007-0357호, 한국표준협회, 2007.

4) 기술표준원, 금속 재료의 인장 시험 방법 KS B 0802 : 2008, 기술표준원 고시 제2008-0859호, 한국표준협회, 2008.

5) 기술표준원, 석유제품-그리스 및 페트롤레이텀-주도 시험방법 KS M ISO 2137 : 2003, 기술표준원 고시 제2008-0762호, 한국표준협회, 2008.

6) 기술표준원, 기계 진동 및 충격-기계진동과 충격-인체피폭 전신 진동의 평가-제2부 : 건물진동 (1Hz～80Hz) KS B ISO 2631-2 : 2009, 기술표준원 고시 제2009-0743호, 한국표준협회, 2009.

7) 기술표준원, 수경성 시멘트 무수축 그라우트 KS F 4044 : 2004, 기술표준원 고시 제2009-0357호, 한국표준협회, 2009.

8) 기술표준원, 구상 흑연 주철품 KS D 4302 : 2011, 기술표준원 고시 제2011-0042호, 한국표준협회, 2011.

9) 기술표준원, PC 강선 및 PC 강연선 KS D 7002 : 2011, 기술표준원 고시 제2011-0042호, 한국표준협회, 2011.

10) 대한건축학회, 건축공사표준시방서, 기문당, 2006.

11) 대한건축학회, 건축구조기준, 기문당 2009.

12) 신현묵, 프리스트레스트 콘크리트, 동명사, 2008.

13) 한국콘크리트학회, 콘크리트구조설계기준, 기문당, 2007.

14) 한국콘크리트학회, 콘크리트표준시방서, 기문당, 2009.

15) Aalami, B. O. "One-Way and Two-Way Post-Tensioned Floor Systems", Post-Tensioning Institute, USA, 1993.

16) ADAPT Corporation, *ADAPT-Builder 2010-USER MANUAL*, ADAPT Corporation, USA, 2010.

17) ACI Committee 318, *Building Code Requirements for Structural Concrete (ACI 318-95) and Commentary (ACI 318R-95)*, American Concrete Institute, USA, 1995.

18) ACI Committee 318, *Building Code Requirements for Structural Concrete (ACI 318-99) and Commentary (ACI 318R-99)*, American Concrete Institute, USA, 1999.

19) ACI Committee 318, *Building Code Requirements for Structural Concrete(ACI 318-02) and Commentary (ACI 318R-02)*, American Concrete Institute, USA, 2002.

20) ACI Committee 318, *Building Code Requirements for Structural Concrete(ACI 318-05) and Commentary (ACI 318R-05)*, American Concrete Institute, USA, 2005.

21) ACI Committee 318, *Building Code Requirements for Structural Concrete(ACI 318-08) and Commentary*, American Concrete Institute, USA, 2008.

22) ACI Committee 318, *Building Code Requirements for Structural Concrete(ACI 318-11) and Commentary*, American Concrete Institute, USA, 2011.

23) ASTM Standard C 900-06, *Standard Test Method for Pullout Strength of Hardened Concrete*, ASTM International, USA, 2007.

24) ASTM Standard D 217-07, *Standard Test Methods for Cone Penetration of Lubricating Grease*, ASTM International, USA, 2007.

25) ASTM Standard C 1074-11, *Standard Practice for Estimating Concrete Strength by the Maturity Method*, ASTM International, USA, 2011.

26) Bondy, K. B., "Thicker is Weaker?", Post-Tensioning Institute, USA, 2005.

27) British Standards Institution, *BS 8110-Structural Use of Concrete*, British Standards Institution, UK, 1997.

28) Burns, N. H. and Hemakom, R., "Test of Scale Model Post-Tensioned Flat Plate", *Journal of the Structural Division*, American Society of Civil Engineers, Vol.103, No.6, 1977, pp.1,237~1,255.

29) Chacos, G. P., "Wedge Forces on Post-Tensioning Strand Anchors", Post-Tensioning Institute, USA, 1993.

30) Chakrabarti, P. R., "Ultimate Strength of Corner Panels of Post-Tensioned Flat Plates", *ACI Structural Journal*, Vol.84, No.1, 1987, pp.54~60.

31) Comité Euro-International du Béton, *CEB-FIP Model Code 1990*, Thomas Telford Services Ltd., UK, 1993.

32) Englekirk, R., *Seismic Design of Reinforced and Precast Concrete Buildings*, John Wiley and Sons, Inc., USA, 2003.

33) European Committee for Standardization, *BS EN 1992-1-1 : 2004 Design of Concrete Structures. General Rules and Rules for Buildings*, British Standards Institution, London UK, 2004.

34) fib, *Post-tensioning in Buildings*, Technical Report Prepared by Task Group 1.1, CEB-FIP, Switzerland, 2005.

35) Foutch, D. A., Gamble, W. L., and Sunidja, H., "Tests of Post-Tensioned Concrete Slab-Edge Columns Connections", *ACI Structural Journal*, Vol.87, No.2, 1990, pp.167~179.

36) Gamble, W. L., *An Experimental Investigation of the Strength and Behavior of a Prestressed Concrete Flat Plate*, Report T80-9, Division of Building Research, Commonwealth (of Australia) Scientific and Industrial Research Organization, Melbourne, Australia, 1964.

37) Grow, J. B. and Vanderbilt, M. D., "Shear Strength of Prestressed Lightweight Aggregate Concrete Flat Plates", *Journal of the Prestressed Concrete Institute*, Vol.12, No.4, 1967, pp.18~28.

38) Hawkins, N. M., "Lateral Load Resistance of Unbonded Post-Tensioned Flat Plate Construction", *PCI Journal*, Vol.26, No.1, 1981, pp.94~116.

39) Huang, Y., Kang, T. H.-K., Ramseyer, C., and Rha, C., "Background to Multi-Scale Modelling of Unbonded Post-Tensioned Concrete Structures", *International Journal of Theoretical and Applied Multiscale Mechanics*, Vol.1, No.3, 2010, pp.219~230.

40) ICBO, *Uniform Building Code (UBC 97)*, International Code Council, USA, 1997.

41) ICC, *International Building Code*, International Code Council, USA, 2000.

42) ICC, *International Building Code*, International Code Council, USA, 2012.

43) Joint ACI-ASCE Committee 352, *Guide for Design of Slab-Column Connections in Monolithic Concrete Structures (ACI 352.1R-11)*, American Concrete Institute, USA, 2012.

44) Joint ACI-ASCE Committee 423, *Recommendations for Concrete Members Prestressed With Unbonded Tendons (ACI 423.3R-96)*, American Concrete Institute, USA, 1996.

45) Joint ACI-ASCE Committee 423, *Specification for Unbonded Single-Strand Tendon Materials and Commentary (ACI 423.7R-07)*, American Concrete Institute, USA, 2007.

46) Kang, T. H.-K, and Wallace, J. W., "Dynamic Responses of Flat Plate Systems with Shear Reinforcement", *ACI Structural Journal*, V.102, No.5, 2005, pp.736~773.

47) Kang, T. H.-K. and Wallace, J. W., "Stresses in Unbonded Tendons of Post-Tensioned Flat Plate Systems under Dynamic Excitation", *PTI Journal*, V.6, No.1, 2008, pp.31~44.

48) Kang, T. H.-K., Robertson, I. N., Hawkins, N. M., and LaFave, J. M., "Recommendations for Design of Post-Tensioned Slab-Column Connections Subjected to Lateral Loading", *PTI Journal*, Vol.6, No.1, 2008, pp.45~59.

49) Kang, T. H.-K. and Huang, Y., "Nonlinear Finite Element Analyses of Unbonded Post-Tensioned Slab-Column Connections", *PTI Journal*, V.8, No.1, 2012, pp.4~19.

50) Martinez-Cruzado, J. A., Qaisrani, A.-N., and Moehle, J.-P., "Post-Tensioned Flat Plate Slab-Column Connections Subjected to Earthquake Loading", *Proceedings of 5th National Conference on Earthquake Engineering*, Earthquake Engineering Research Institute, Chicago, USA, 1994.

51) Naaman, A. E., "New Methodology for the Analysis of Beams Prestressed with External or Unbonded Tendons", External Prestressing in Bridges, *ACI Special Publication 120*, American Concrete Institute, USA, 1990, pp.339~354.

52) PCI, *PCI Design Handbook-Precast and Prestressed Concrete-Sixth Edition*, Precast/Prestressed Concrete Institute, USA, 2004.

53) PTI, *Specification for Unbonded Single Stand Tendons*, Post-Tensioning Institute, USA, 2000.

54) PTI, *Training and Certification of Field Personal for Unbonded Post-Tensioning*, Post-Tensioning Institute, USA, 2003.

55) PTI, *Design of Post-Tensioned Slabs Using Unbonded Tendons*, Post-Tensioning Institute, USA, 2004, pp.67~82.

56) PTI, *Post-Tensioning Manual-Sixth Edition*, Post-Tensioning Institute, USA, 2006.

57) PTI, *Guide for Design of Post-Tensioned Buildings*, Post-Tensioning Institute, USA, 2011.

58) Scordelis, A. C., Pister, K. S., and Lin, T. Y., "Strength of a Concrete Slab Prestressed in Two Directions", *Journal of the American Concrete Institute*, Vol.28 (Proceedings Vol.53), No.3, 1956, pp.241~256.

59) Stanton, J. F., Stone, W. C. and Cheok, G. S., "A Hybrid Reinforced Precast Frame for Seismic Regions", *PCI Journal*, Vol.42, No.4, 1997, pp.20~33.

60) Warcholik, G. and Priestley, M., *Structural Systems Research Project : High Strength Concrete Joints Tests*, Report No. TR-98/01, University of California at San Diego, USA, 1998.

콘크리트 실무매뉴얼

건축 포스트텐션 시스템

2013년 4월 10일 1판 1쇄 인쇄
2013년 4월 15일 1판 1쇄 발행

管理主體 사단법인 한국콘크리트학회
서울특별시 강남구 역삼동 635-4
한국과학기술회관 신관 1009호
TEL. 02)568-5984~7
FAX. 02)568-1918

出版普及處 기 문 당
서울시 성동구 무학봉 28길 4-1
(왕십리동 966-22)
TEL. 02)2295-6171(代)~5
FAX. 02)2296-8188

출판등록 1976. 10. 7 (1-44)

홈페이지 http : // 기문당
http : // www.kimoondang.com

I S B N 978-89-6225-489-1 93530

정 가 13,000원